BAJIAO
ZHONGZHI JISHU

八角种植技术

《云南高原特色农业系列丛书》编委会　编

本册主编◎张永平

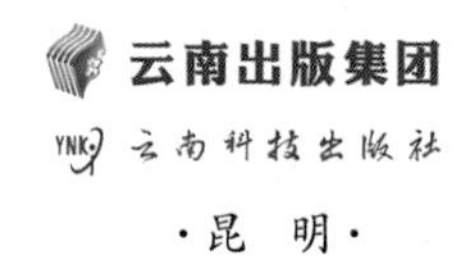

·昆　明·

图书在版编目（CIP）数据

八角种植技术 /《云南高原特色农业系列丛书》编委会编 . -- 昆明 : 云南科技出版社 , 2021.11（2023.4 重印）
（云南高原特色农业系列丛书）
ISBN 978-7-5587-3767-1

Ⅰ . ①八… Ⅱ . ①云… Ⅲ . ①八角—栽培技术 Ⅳ . ① S573

中国版本图书馆CIP数据核字(2021)第214839号

八角种植技术
《云南高原特色农业系列丛书》编委会 编

责任编辑：唐坤红 洪丽春 曾 芫 张 朝
助理编辑：龚萌萌
责任校对：张舒园
装帧设计：余仲勋
责任印制：蒋丽芬

书 号：ISBN 978-7-5587-3767-1
印 刷：云南灵彩印务包装有限公司印刷
开 本：889mm × 1194mm 1/32
印 张：3.75
字 数：95 千字
版 次：2021 年 11 月第 1 版
印 次：2023 年 4 月第 2 次印刷
定 价：22.00 元

出版发行：云南出版集团 云南科技出版社
地 址：昆明市环城西路 609 号
电 话：0871-64114090

编 委 会

前　言

八角（*Illicium verum* Hook.f.）属木兰科八角亚科八角属树木，是亚热带多年生常绿乔木。八角树对生态环境条件要求相对较严，怕冷、怕热、忌风、不耐烈日、不耐干旱，原只分布在我国西南的中亚热带南部和南亚热带北部一个狭长的地带。在广西、云南及广东、福建、贵州、四川局部地区有栽培。江西上犹等县、安徽黄山也有引种。八角造林后6~8年开花结果，15~20年进入盛果期，可延续50~70年，自然寿命可达200年。八角是我国珍贵的经济林树种，果皮、种子、叶均可蒸馏出芳香油，称茴香油或八角油。在工业上用以提取大茴香，并合成大茴香醛、大茴香醇。这些单体香料主要用于食品、制药、化妆品以及日用化学工业。八角果是调味香料，有医药价值，国外还用作牲畜的饲料添加剂。我国八角有500多年的栽培历史，八角和茴香油均是传统出口商品，广西德保县的“天保茴油”驰名海外。八角综合利用价值大、产值高，综合开发利用前景广阔 。

八角是我国南亚热带地区特有的珍贵经济树种。其主要林产品八角果和八角油（茴香油），是优良的调味、化妆品香料和医药原料。除供给国内需求外，还是我国传统的有竞争力的出口物资。发展八角生产，对产区人民致富，对实现“十四五”国民经济发展计划和加速我国南方林业产业结构调整，建立可持续发展的林业，都具有极其重大的意义。

本书根据我省不同地区八角栽培的特点，重点介绍了八角的生物学特征、育苗技术、水肥管理、病虫害防治等，附以图片和文字说明。本书通俗易懂，具有较强的科学性、实用性和可操作性，主要供八角生产学习培训使用。同时，也可作为基层农技人员指导农业生产的实用工具书。由于编者的水平有限，加之成稿仓促，书中缺点在所难免，如有不妥之处，欢迎读者批评指正。

目 录

第一篇 中国八角生产现状

第二篇 八角的形态特征及生态学特性

第三篇　八角育苗技术

第四篇　八角造林技术

第五篇　八角管理

第六篇　生理生化调控技术

第七篇　八角病虫害防治

第八篇　八角的采收和加工

第一篇　中国八角生产现状

一、八角概况

（一）概　述

八角（*Illicium verum* Hook.f.）是一种生长快、寿命长、产量高、经济价值高的珍贵经济林木。是值得大力发展的香料树种。在广西和云南一些地区有长期种植的历史和经验。

八角的果实呈星芒放射状，绝大多数规则排列成八角星状，故称八角。中国古代称之香、茴香。唐朝孙思邈的著作中写道："煮臭肉，下少许，即无臭气，臭酱入末亦香，故曰茴香"。因此八角又称八角茴香、大茴香，今山西、河北、山东等省多把八角叫大料。

（二）经济价值

1. 调味品

八角有浓郁的芳香气味，是日常生活中深受群众喜爱的调味品。腌渍咸菜、炖煮牛羊肉等，放点八角，既清香

可口，又驱避膻臭，是烹饪、腌腊肉、制作酱菜、榨菜、卤腐和各种酱最好的佐料。因此八角在市场上一直是非常畅销的商品。

2. 药用

八角含挥发油、脂肪油、蛋白质、树脂等。油中含茴香醚、黄樟醚，茴香醛、茴香酮、水芹烯等。其性温，味辛。有温阳散寒，理气止痛之功效。用于治疗寒呕逆，寒疝腹痛，肾虚腰痛，干、湿脚气等症。八角还具有强烈香味，有驱虫、温中理气、健胃止呕、祛寒、兴奋神经等功效。

3. 食用香料

八角果皮、种子、叶都可蒸馏出挥发性茴香油，在鲜果皮中的含量为5%～6%；鲜种为1.7%～2.7%；新鲜枝叶为0.7%～0.9%。茴香油在工业上主要用以提取茴香脑，再合成茴香醛、茴香醇。这些香料广泛用于香水、牙膏、香皂等日用品，也可作为制造甜香酒、啤酒、糖果等的食用香料。

八角种子，除作繁殖育苗用外，还可以榨油，制造肥皂等。

4. 木工用材

八角木材褐色，结构细密，纹理直，材质松轻，不易变形，还有芳香气味，可以防虫蛀，是制作细木工、家具、农具和箱板的材料。

5. 出口创汇

八角还是我国出口创汇的大宗产品之一，每年出口10000吨左右。除销往港、澳地区外，还销往新加坡、马来西亚、印度、斯里兰卡、叙利亚等亚洲国家和英国、法国、比利时等欧美国家。

二、八角品种

在实际观察生产中，八角的花色、叶形、果形及结果情况均有不同，应是品种问题。但到目前为止，我国在八角的品种分类及命名方面还是空白的，也没有对八角进行品种选育，各地用种都很混乱。造成八角品种不良，产量较低，给八角产业的科学化发展带来了诸多不利。

（一）按八角的花色、叶形和果的外部形态分

1. 红花八角

花粉红、红或紫红色，花萼3枚，花瓣6～8片，个别9～10片；叶绿色或深绿色，呈倒卵形或长椭圆形、披针形，枝叶密集；果径肥厚，2.5～3.5厘米，角尖端钝，微卷直立；雄蕊11～13枚或4～15枚，心皮8枚，个别9枚。

2. 红花多角型八角

花、叶、果外部形态与上同，雄蕊14 ~ 16枚，心皮9 ~ 16枚，蓇葖果星芒放射状或聚合成半球形、球形。

3. 宽叶瘦果型八角

花外部形态与上同，叶黄绿色，较宽近卵圆形，枝叶疏散不密集；果径2 ~ 2.3厘米，瘦薄，角尖端短尖，微卷直立；雄蕊16 ~ 19枚，心皮8枚。

4. 少角型八角

花被片外红里白，花萼3枚，花瓣6片；叶绿色，披针形；果径2.8 ~ 3.2厘米，果实角间距大，瘦薄，角尖端钝、平伸；雄蕊8 ~ 12枚，心皮6 ~ 7枚，个别8枚。

5. 白花八角

花白色，花萼片3枚，花瓣6片，个别5片；叶绿色，细长披针形，长椭圆形；果径2.5 ~ 3.2厘米，较瘦薄，角尖端钝，微卷直立；雄蕊10 ~ 13枚、有的13 ~ 15枚，心皮8枚。

上述以外部形态区分的5个八角品种类型，目前尚不能定为品种，可供选育良种时区别安排。在此，我们为读者提供一个参考，即根据长期观察和富宁县八角种植农户反映，第一个品种类型产量较高也比较稳定。

（二）按八角开花、果实成熟的季节分

1. 春花八角

春花八角为八角树冬季开花后第二年春季结的果，个头瘦小，颜色淡红色，香味很淡。品质低于大红八角，产量也小，市场价格一般很便宜。

2. 冬果八角

冬果八角是因八角林管理不当或者自然因素造成果实发育缓慢，果实成熟不是在秋季而是延迟在冬季生产的八角。这一类的八角颜色红中有青绿色，无香味或者少量香味，品质差，产量最低，市场售价比春花略低。

3. 干支八角

干支八角有两种，一种是受天气变化特别是受台风影响从八角树上大量落下的果；另一种是在八角开花结果后期，因水分和营养不够而结的果实，颜色暗红或淡红，个小量轻，无香味或少量香味，市场售价比春花略低。

4. 大红八角

大红八角为秋季收获的八角，颜色大红，果实饱满肥厚。因加工方法不同分为硫黄果和水烫果，干度好的水烫果售价最高，是广西壮

族自治区容县石头镇水口村的主要特产，龙州县的八角乡更是因盛产八角而得名。

三、八角的分布

八角主要产于我国南北纬22°～25°的亚热带湿润季风区，其中以广西左江和右江以及十万大山一带，包括百色、那坡、德保、靖西、龙州、宁明、上思、防城等县（市），其栽种面积和产量均为全国第一。云南省的富宁、广南、西畴、麻栗坡、金平、绿春、屏边等县也是主要产地，其中富宁县面积和产量最多，居全国第二位。此外广东、福建、台湾、贵州等地区，也有零星种植。近几年，云南省的玉溪、德宏、红河、西双版纳等州（市）的局部地区也到富宁县引种，并栽培成功。

（一）八角在我国的分布

八角，原野生在广西西南部的宁明、龙州、那坡和越南东北角狭长地带的北热带季雨常绿阔叶林中。据考证，最早对八角进行采集、栽培和利用的是广西宁明、龙州等县农户。在唐代（公元618—907年）孙思邈著的《唐新本草》一书中，已有“怀香”（即八角）的记载。公元1279年（元朝）前后，八角首先由广西引入云南省富宁县种植，随后发展到广南、麻栗坡、文山、红河、金平、墨江、玉溪等云南省其他各县（市）。广东、福建的南部，在中华人民共和国成立前亦有零星引种。据统计，到1949年，我国八角栽培面积已达6.0万公顷（90万亩[①]）。其中

① 亩，土地面积单位，1亩≈666.67平方米，全书同。

广西就有5.33万公顷（约80万亩），占全国八角总栽培面积的89%，是我国八角的主要产区。新中国成立后，特别是改革开放近二十年，我国八角生产和其他事业一样，得到飞跃发展。至二十世纪末，在我国北纬21°20′~25°50′，东经98°～119°范围内。即东起福建、安徽，西至云南的高黎贡山，南从广西大青山和十万大山最南端，北止越城岭和大南山南麓，包括云南、广西、广东、福建、安徽、江西、湖南等七省（自治区）共计90多个县（市）均有八角栽植。全国种植面积已达23万多公顷（345万多亩），年产八角干果约1.25万吨，八角油约700吨。八角业成为我国南方重要的经济林种之一。

（二）八角在云南的分布

目前，云南省八角种植面积约115万亩，占全国八角种植面积的14.3%。结果面积约84万亩，年产干八角1万多吨，占全国八角产量的6%左右。云南八角主要分布在云南东南部的文山壮族苗族自治州和红河哈尼族彝族自治州的二十多个县级地区。其中文山壮族苗族自治州有八角林面积约80万亩，红河哈尼族彝族自治州有八角林面积约30万亩。在所有县级地区中，文山州富宁县八角种植面积最大，约50万

亩。其次是红河州绿春县，有八角林约15万亩。其他按种植面积排名靠前的县（市、区）有：广南县（10万亩）、西畴县（8万亩）、屏边苗族自治县（7万亩）、马关县（6万亩）……

1. 八角在文山州的分布

文山壮族苗族自治州与广西壮族自治区百色市接壤，有着得天独厚的地理优势，有八角林面积约80万亩，几乎占云南省八角种植面积的80%，覆盖文山州的八县（市）。其中：文山市1万亩，砚山县1万亩，麻栗坡县2万亩，丘北县2万亩，马关县6万亩，西畴县8万亩，广南县10万亩，富宁县50万亩。

富宁县位于云南省东南部，南与越南河江省接壤，东部和北部分别与广西壮族自治区百色市右江、西林、田林、那坡、靖西五县（区、市）毗邻，西与文山州的广南、麻栗坡两县相连。地处两国三省十县结合部，是云南通往广西、广东等沿海地区的重要门户。由于富宁县紧靠广西壮族自治区百色市，而百色市正是最早以“天保茴香”闻名世界的地方。富

宁人得知八角有很高的经济价值后，便有富宁人慕名到百色市右江区学习栽培八角技术，并引种到富宁县。之后传播到与其相邻的云南省各县、市。

富宁县自1279年开始从广西壮族自治区引种八角，距今已有近740年的历史。八角作为富宁县一大特色产业，过去一直是富宁县农村群众主要的经济来源之一，产区农民的日常开支主要依靠八角。到2021年为止，全县有八角林面积约50万亩，年产干八角上万吨，是整个云南省八角种植面积和产量最多的一个县，几乎占到云南省八角总量的50%。

2012年，“富宁八角”地理标志证明商标正式获得国家工商行政管理总局商标局核准注册，商标专用期限为10年，标志着独具地方特色的富宁八角有了真正的“身份证明”。富宁八角具有干果色红、味香浓、型好等产品特性优势，备受青睐。成功获得国家工商行政管理总局商

标局核准注册，是富宁县打造“中国八角之乡”品牌的重要内容。对促进富宁八角传统产业改造升级、带动富宁八角产品走向国内外市场、加快群众致富增收步伐起到积极作用。

2. 八角在红河州的分布

红河哈尼族彝族自治州与文山壮族苗族自治州同处于云南省东南部，多为亚热带气候，比较适合栽种八角。全州目前有八角林面积约30万亩，主要分布于绿春县（约15万亩），屏边苗族自治县（约7万亩），金平苗族瑶族傣族自治县（约5万亩）。

近年来，绿春县整合政策资源，强化扶持措施，加快推动八角产业发展。截至2021年，全县种植八角面积约15万亩，几乎覆盖全县所有乡镇，涉及一万多户七万余人，八角产业已成为当地一项富民产业。

第二篇　八角的形态特征及生态学特性

一、八角的形态特征

八角是常绿乔木，它的器官可分为营养器官（根、茎、叶等）和生殖器官（花、果实、种子等）两个部分。栽培上常把整个植株分为地上部分与地下部分。地上部分是指根茎以上的部分，包括芽、枝、叶、花、果；地下部分指根系。

（一）根

根是八角树的地下部分，是八角树的重要营养器官，具有固定树体、吸收、贮藏和合成营养物质等功能，并兼有繁殖和更新的机能。培育深、广、密的根群是八角丰产、稳产的重要基础。

1. 根系的结构及形成

八角的根系由主根、侧根、须根组成。主根由种子的胚根发育而成，竖直向地下生长，主根上着生的粗根系为侧根，在侧根上着生数量较多的细根称为须根。主根和侧根构成根系的骨架，主要起固定树体和输导水分、养分的作用，生长强壮，寿命长。须根为吸收根，经多次分枝形成细小根毛，是吸收水分、养分和合成某些营养物质的主要部分，根毛虽数量大、吸收能力强，但寿命短。

2. 根系的类型与分布生长动态

八角树的根系根据其育苗方式的不同，分实生根系和茎源根系两种。实生根系是由种子的胚下轴胚根发展成主根而形成的根系。生长较茎源根系深，有明显层次性，生命力强，寿命长，对外界有较强的适应能力。茎源根系是扦插压条繁殖时，由繁殖用的茎基部形成的不定根发展而成的根系。由于是无胚根形成主根，根由不定根代替发育而成，主根不明显，分布较浅，层次性不明显，生活力较弱，寿命短，适应性也不如实生根系。

八角属浅根树种，其在土壤中的分布依土壤条件和栽培管理技术措施不同而异。土壤质地黏重，土层浅薄，地下水位高，湿度大的地方，又不注重科学栽培管理的，根系分布范围较小而浅；土壤深厚、质地疏松肥沃、地下水位低、土壤含水量低的地方，且注重科学栽培管理的，根系分布较深而广，且发达。在栽培上，应因地制宜，选择适宜的地块和创造有利于根系正常生长发育的条件，以取得旺盛的根系和良好的树冠。根与树冠的生长有上下对称的关系，一般树冠高的根系较深，树冠较为开张的根较浅而广阔，根系分布一般大于树冠。

八角根系开始生长温度为13℃，在一年中有三次明显的发根高峰：第一次在春梢转绿以后至夏梢抽生之前；第二次在夏梢转绿以后至秋梢抽生之前；第三次在秋梢停止生长至果实成熟期。根系生长和新梢抽生是交错进行的，一般先长梢后发根。掌握根生长高峰前期进行移栽、施肥及中耕，对促进植株生长发育有显著效果。另外，根茎是根与茎的交界处，它是地上部分与地下部分营养物质交流必经的通道。它在春季最早开始活动，秋冬最迟进入休眠，是对外界环境条件最为敏感的部位。因此栽植时，不宜把颈部埋得太深或太浅，以免影响八角的生长。

3. 根系生长的因素

八角根系的生长，受土壤温度、水分、营养和通气状况、土壤酸碱度、管理条件等因素的影响。

（1）温度：根系开始生长的温度为13℃，随着土温的升高根系生长加快，在16～25℃之间时根系生长旺盛。26℃以上时根系逐渐停止生长。达30℃以上时不能生长。所以，温度过高或过低对八角根系生长都不利。

（2）土壤水分和通气性：土壤水分和通气条件，对根系生长有直接影响。土壤过湿，通气不良和供氧不足，根系生理活动会受到影响，严重时引起烂根；土壤缺水，又会引进土壤板结和土温过高，根系不能生长。适宜八角根系生长的土壤水分含量为土壤田间最大持水量的60%～80%，土壤空隙率为12%～20%，氧气浓度为10%以上。

（3）土壤酸碱度：即土壤pH值，八角是嫌钙树种，在石灰岩母质形成的土壤上生长不良，而土壤过酸、氢离子增多，有机质分解流失，八角也不能正常生长。其对土壤的要求是pH值为4.5～6，疏松、湿润、肥沃的微酸性土上生长最好。故在造林时，在考虑其他因素的同时，还应着重考察土壤的酸碱度。

（二）芽

八角的枝、叶、花都是由芽发育和分化而成的。芽是八角生长发育、开花结果及更新复壮的基础。

1. 芽的分类

（1）依芽的性质和构造分

①叶芽：芽内仅有茎和叶的原始体，萌发后形成枝叶；

②花芽：花芽内只有花的原始体，萌发后长成花。

（2）依芽的着生部位分

①顶芽：着生在八角主干和侧枝上的顶端芽，这类芽很发达。

②侧芽：着生于叶腋内的芽，又称腋芽。

2. 芽的特性

八角枝条的叶腋都有萌生花芽或叶芽的可能，其中花芽数量最多的约占90%，而叶芽不超过10%，花芽具有晚熟性。由于水分、养分、阳光等不足而潜伏起来，延迟到第二年以后才陆续开花。同一株树上，不同枝条间其花期的早晚也不一致，从而形成陆续开花和花果同期现象。当新生的枝叶稀疏，而又向阳时，就能提早开花；当枝叶茂密，叶子着生时期长，则发芽期便推迟，甚至延长到3～4年后才开花。还有少数的花芽永远潜伏起来而不开放。

（三）枝、干

1. 树体结构

（1）主干

八角由于具有顶端生长优势，所以只有一个主干，通直高达15～20米，胸径一般约30厘米，树皮有不规则裂纹，幼龄树皮为绿色，壮龄树则为灰色或褐色，老龄树皮呈红褐色或灰黑色。主干是着生和支撑树冠的基础，又是根系和树冠养分输送的交通大动脉。粗大的主干可以形成丰产的树冠，保护树干是保证丰产、长寿的重要措施。

（2）树冠

呈塔形或卵圆形，分枝部位高，自地面起1～3米无分枝，其上主侧枝密集，呈水平伸展，新枝软，微向下垂，长3～4米，小枝多，叶片繁茂，一般冠幅达10米以上，长势特别旺盛时，冠幅可达25米。八角枝条角度对结果有很大影响，直立枝顶端优势较强，含赤霉素和水分较多，生长旺盛，养分、水分转运过快，营养物质积累较少，不利于花芽分化；水平枝或下垂枝则相反。所以在栽培管理中除注意培养水平枝外，常采用拉大分枝角度的办法，促进开花结果。

2. 枝条的类别

按其性质的不同，可分为结果枝、营养枝和徒长枝三种。

（1）营养枝：八角树上生长较健壮、充实，只着生叶芽，主要制造养分的枝梢。在幼龄树上抽生较多。生产上，常对营养枝作不同程度短截或疏枝，以诱导形成结果枝。

（2）结果枝：由结果母枝顶芽或附近数芽萌发而成，带有花蕾开花结果的枝条，一般1～4年的枝条着果较多。

（3）徒长枝：此类枝梢特别粗长，有的长达1米多，横断面大都呈三角形，节间长，叶大而薄，组织不充实。徒长枝易消耗养分和扰乱树形，发现应及时从其基部剪除。

3. 结果母枝

在八角树冠上抽生结果枝的枝条称结果母枝。结果母枝多为春梢，春梢在立春前后至谷雨前抽生的新梢，萌发整齐，数量多。

4. 枝条的生长特性

新生枝叶每年抽生1～2次，甚至3次，春季或秋季大量抽生，枝条必须经过1年的时间生长才能完成它的发育，产生花芽。

（四）叶

八角单叶互生，在枝梢顶端常呈簇生或轮生状，无托叶；新叶肉质，老叶半革质至革质；一般长5.5～8厘米，宽2.5～4.5厘米，长圆形或椭圆状披针形，先端急尖或渐尖，茎部楔形，全缘；叶面呈腊质，光亮无毛，深绿色，并有若干透明油点；叶背深淡绿色，有稀疏的柔毛；叶脉为羽状，主脉下陷，侧脉凸起3～7对并向叶边延伸，细脉网状，不明显；叶柄短，长约1厘米。正常的八角叶片，一般寿命为1.5～2.5年，于冬季12月至翌年1月叶片脱落，春季2～3月或秋季大量抽生新梢枝叶。

（五）花

八角树的花为两性花，单生于前1～4年生长的枝条上的叶腋下；开花时花柄直伸，柄长1.5～3厘米，果实成熟时花柄直伸，柄长1.5～3 厘米，果实成熟时果柄弯曲；萼片2～3枚，分离，其中有1～2片较大，复瓦状排列；花瓣一般是6～9瓣，淡黄、淡红或深红色，长0.5～0.7厘米，宽0.3～1.2厘米，排成2轮或3轮；雄蕊一般15～19枚，花丝离生，长约0.05厘米，花药平均长0.2厘米，长卵圆形；花药内生，2室纵裂，雌蕊分离，通常有8个，少则7个，多则9个，位于花的中央，轮状排列于隆起的花托上；子房1室，内含胚珠1枚。

八角的花，都着生在一年生以上枝条的叶腋下。据测

定，枝条上10个腋芽中，有9个是花芽，只有一个是叶芽。花芽的发育，深受水分、养分和阳光等条件控制，致使花芽并不是每个都能发育开放，也不能同时发育和开放。凡当年发育开放不了的，便伸延到第二年早春相继开放。从而形成八角常年有花有果，花果同期的现象。

八角一年一次花，二次果。花期从6月下旬至11月下旬和当年开不了潜伏下来的弱质花到来年春3～4月又零星开放。春花，基本上无法受孕成果。根据花发育情况，可分五个时间：

（1）抽蕾期：6月下旬至7月中旬。

（2）初花期：7月中旬至8月上旬。易形成春果。

（3）盛花期：8月中旬至9月中旬。形成秋果。

（4）后花期：9月下旬至11月下旬。易受寒害而早落。

（5）无效花期：3月中旬至4月下旬。

（六）果　实

果实由子房发育而成，为离心轮状，排列成八瓣聚合的蓇葖果、鲜果为绿色，果实直径3～3.5厘米，角瓣长约1.5厘米，高1厘米，厚0.3～0.4厘米，背面宽，正面窄。果实成熟后呈紫红色，暗而无光，成熟时果柄弯曲，果腹面的每个角纵向裂开，每瓣内含种子1粒。干果棕红色，采摘加工烘烤以后呈红色或红褐色，味芳香浓郁，故有“大红八角”之称。

1. 春果

春果，是由初花期开的花受孕发育而成的。初花期，八角正处在当年生长发育的生理活跃旺盛期，这时开的花，不少受孕后能迅速长大，到次年3～4月大量成熟，成为“春果”。春果约占全年产果量的5%～10%。

春果因种胚发育不良，故果瘦小，种质差，种子不能发芽，不能供作种用。

2. 秋果

秋果，多数是由初花期之后开的花生长发育而成。

在盛花期，花开数量大，需要很多水分和养分。同时，又正值秋果大量积聚养分和秋梢抽出生长消耗大量水、养分之

期。此时八角树内的水分和养分消耗负担极重，实在无法让盛花期开的花，受孕后迅速生长发育，只好暂时缓慢生长或停顿下来。特别是后花期开的花，正遇上秋冬干冷季节，使这类花受孕后，连花瓣都无法自然脱落，出现花瓣干缩紧包受孕的子房（幼果），以保护幼果休眠越冬。直到翌年3月气温回升，干枯的花瓣才脱落，与盛花期受孕的幼果一起恢复生长、发育。经春、夏、秋三季漫长的生长发育，到10月份的“霜降”前后，果实生理成熟，此为秋果。

（七）种　子

八角种子藏于八角角瓣内，为椭圆形，呈棕色或棕黄色；种子表面光滑，有光泽；一头平截；长0.6 ~ 0.7厘米，宽0.4 ~ 0.5厘米；种壳角质。角质壳内为包有一层银灰色膜质的种仁，具芳香气味，味甘甜，胚乳白色饱满；胚细小也呈白色。种子千粒重75 ~ 100克，每100千克鲜果可剥取9 ~ 12千克种子。

二、八角的生态学特性

八角是亚热带植物，喜生于气候温暖、常年多雾阴湿的自然条件，适宜生长在土层深厚肥沃的山腰和山脚。在干燥瘠薄、当风地段和石灰性土壤上生长不良。八角在不同的生长发育阶段，对光照条件的要求也不同。八角幼苗怕光，因此，育苗要求有荫蔽条件，到结果期需要中等的光照条件。其对生态环境的要求如下：

（一）光 照

八角是中性偏阴树种，不耐干热，在不同生长阶段对光照要求均不相同。幼苗期不能暴露于强烈的阳光下，必须设遮阴物，遮阴至少需要10个月时间，以后可将遮阴物逐渐稀疏，以锻炼幼苗对阳光的适应，俗称“炼苗”。幼苗在炎热的夏季得不到遮阴就会被阳光灼伤死亡，八角在育苗期间，遮阴物的透光度最好在20%～30%。八角定植在光照强烈的山顶和南坡地容易死亡，死亡率可达

100%，如定植在灌木林或光照不太强烈的坡位，成活率可达80%以上。从时间上看，八角定植及成活初期宜避开炎热的夏季，宜选在天气渐凉、多雨、多雾的季节。八角定植3年后，随着树龄的增长，需要的光照就会越来越多，此时得不到充足的光照，生长发育就会减弱。表现为下枝增高，叶、枝量减少，冠幅狭窄，特别是结果期，如光照不足，就会影响八角开花结实。还会容易引起各种病虫害的发生。因此，八角定植3年后要逐步清除周围荫蔽物，改善光照条件，在定植时还要掌握合适的密度，以保证成林树对光照的需要。

（二）温　度

我国八角主要分布在广西和云南，从两省区主要种植地的气候来看，差异也很大。广西壮族自治区南部主产区平均气温20～23℃，最冷月平均气温10℃以上；云南省主要产区富宁县气温大多低于广西壮族自治区，为15.9～19.3℃，并有不少产区属于中亚热带。说明八角虽属南亚热带树种，但却有一定耐寒能力，适应较强，在短期–5～–3℃能完全越冬，但在霜雪较重，–5℃温度以下时，2～3天内即可受害，八角年龄越小受害越重。就富宁县来看，最适宜八角开花结果的平均气温在16～18℃之间，平均温度低于15℃和高于20℃结果都不理想。温度高虽能开大量的花，但落花落果严重，形成不同程度的生理性落果。

（三）雨量和湿度

八角不但需要温暖的气候，而且还要求丰富的雨量，年平均雨量应1000毫米以上，并要分布均匀。云南省八角种植区的年雨量都超过1000毫米，有名的八角产区富宁县洞波乡的年雨量是1199.4毫米，板仑乡为1200.6毫米，者桑乡为1192.8毫米。虽然富宁的年降雨量达到八角生长的要求，但分布不均，干湿季分明，80%雨量集中在4～10月，对八角生长发育有一定影响。但由于富宁县空气湿度较大，年平均大于79%，加上富宁县山区常年多雾，弥补了雨量分配不均的不足。而广西壮族自治区防城港市等地虽然年均气温较高，海拔低，也由于其靠近海边，空气温度和降雨量均较大，也比较适宜八角的生长发育。

（四）地　形

地形直接影响到光照、温度、降雨量、湿度和土壤肥力等生态因子。所以，八角所处地形的好坏直接影响到其生长和结果好坏，八角适生的地形从云南、广西两省（自治区）来看也有较大差异。从海拔上看，最适宜八角生长的海拔为500～1600米，但广西壮族自治区防城港市由于特殊地理条件，八角多种植在海拔150米左右的山地，100米以下仍可种植，南宁县高峰林场的八角分布在250～350米。而在云南富宁县主产区，海拔低于400～500米，就会大量落花落果，有的根本不能生长或不开花结实；海拔超过1300米，八角就长得很慢，枝叶稀少，不会结果，甚至因寒冷而死亡。富宁县的八角主产乡洞波瑶族乡海拔为680米，而富宁县城海拔690米，在10千米范围内由于气温较高根本种不成八角，在昆明市西山区太华寺2100米海拔上也有八角并能开花结果。说明八角生长对海拔的要求结合其他生态因子来考虑。从所处坡位、坡面来看，坡顶的八角多生长不好，中、下坡位最适宜，而向阳坡八角由于光照足生长良好，不易染病，而阴坡八角易生病且结果不如阳坡好。坡度在15°～25°八角生长好；排水不良、易积水的平地、凹地均不适宜八角生长。所以，八角生长不仅需要严格的大地形，也必须有适宜的小地形。

（五）土　壤

八角适宜生长在疏松、湿润、通气良好的肥沃土地上。土壤pH值为4.5～6，即需要酸性和微酸性土，pH值最好是5～5.5。据富宁县八角研究所调查，八角良好

生长需要的主要土壤养分含量为：有机质2.0%，速效氮100ppm，速效磷30ppm，速效钾90ppm。

八角是嫌钙树种，不宜在石灰母质上发育的土壤生长。因为这种土壤含钙、镁较多，pH值较高，使土呈碱性。砂岩、页岩发育的土壤多呈微酸或酸性，适宜八角生长。在选择八角种植地时应注意成土母质是以哪种为主。

八角对环境的要求是综合性的，在种植和引种时应综合考虑，才能为八角选择一个比较适宜的生态环境。

三、八角个体的生长发育阶段

八角从种子萌发到开花结果直到衰老死亡完成一个世代，一般要数十年甚至数百年。在这漫长的世代生长发育过程中，它有四个不同性质的生长发育阶段（时期），即幼龄期、中幼龄初果期、成年期和衰老期。

（一）幼龄期

此期八角植株只有茎、枝、叶、根等营养器官的生长，尚无开花结果的生殖生长能力。

根据植株枝和根的形态特征，又可把幼龄期分为幼苗期和幼年期。

1. 幼苗期

种子发芽后的第一年（一年生苗）为幼苗期。此时的八角幼苗，只有主干而无侧枝，只有主根和须根而无侧根。苗木只进行主干、叶和主须根生长。

2. 幼年期

一般指造林后1～7年、速丰林为1～5年这段时期，为幼龄期。此时期，八角以树高生长为主，并不断发出各级侧枝，树冠也由单轴分枝发展到合轴分枝。以主干和一级侧枝为骨架的树冠初步形成；地下的各级侧根大量生长，强大的枝状根系初步形成。整个幼年期，八角只进行干、枝、叶、根生长，不能开花。

幼年期限制了结果年龄的时间，但若选用良种壮苗或改用嫁接苗，选择优良立地和开展集约科学经营，亦可将幼年期缩短3～4年，让八角3～4年生时便能开花结果。

（二）中幼龄初果期

一般指造林后8～18年，速丰林为6～15年这段时期为中幼龄初果期。此时期，八角植株仍以高、径、枝、叶、根（营养器官）生长为主，但已具开花、结果能力，且花果逐年增多。最后树冠定型，林分郁闭，主根停止（缓慢）生长，以第一级侧根为主的庞大的根系形成，进入大量开花结果的条件准备就续，树株步入成年期。

（三）成年期（盛果期）

一般从19年生开始，速丰林从16年开始，到植株衰老，这段时间称成年期。此时期，八角以开花结果（生殖生长）为主，树高生长明显减慢，树体内的营养主要供开

花结果之用。

八角成年（盛果）期的长短，与其品种、所在的立地条件和经营管理水平有很大关系。正常情况下，柔枝型的八角其成年期可长达60～70年，硬枝型的仅40～50年。倘若各方面的生境条件都优越，可延长成年期。如云南省富宁县城关乡坡地生产队至今还有一株树高25米，胸径1.2米的300多年生老八角树，因生境立地条件好，现年产鲜八角果仍达75～100千克，最高年产250千克。反之，立地条件差，管理跟不上，则成年期缩短，提早衰老死亡。

（四）衰老期

成龄（盛果）期之后，八角树体内各组织器官，逐渐衰老，直至整株衰老死亡。此时的特征是枝、叶、根生长势明显减弱，开花结实逐年减少，病枝枯枝有增无减，树体的吸收能力、再生能力、输送能力、光合强度、呼吸强度等各种生理功能不断减弱，直至停止而死亡。

衰老是不可抗拒的自然规律，应及时对八角树进行更新。

第三篇　八角育苗技术

一、八角实生苗的培育

（一）采果（种）、贮藏与调运

1. 采果（种）

选择优良品种，一般选择树龄20～50年、生长旺盛、历年高产的健壮母树作为采果（种）对象，在10月中下旬（“霜降”前后）八角果实由青转黄、大量成熟但果瓣尚未开裂时即可采果，并将小果、瘦果、畸形果除去，进行选树选果。凡过早或过迟采集的果，其种子质量都不良，均不宜作种。良种壮苗是八角造林取得高产丰产的基础，凡过早或过迟采集的果，其种子质量均不良，不宜作种。

2. 种子处理

经选过的八角鲜果，立即进行种子处理，其方法有三种：

（1）收回的果实摊放于室内晾干，每天翻1～2次，防止其发热，3～4天后果角逐渐裂开即可收集。

（2）将果摊在具小网眼的竹栅上（少量果用簸箕）曝晒数天，下面铺上竹席及时收种。

（3）人工用小刀或薄木片刀切开果瓣剥种子（不可伤到种皮）。

3. 种子贮藏

不论何种出种方法，强调不能弄破种皮和让烈日曝晒种子。因八角种皮甚薄，种内的油质易挥发而丧失发芽力。故宜随采果随出种随播种。若要贮藏，一般采用如下四种方法：

（1）黄泥心土拌种湿润贮藏法：将经选过的种子均匀撒在过筛的黄泥心土上，喷洒少量清水，拌匀使种子裹着心土成颗粒状，置于室内阴凉湿润处，上面盖一层湿草纸保温保湿。每隔3～5天，揭开湿纸，让种子通风透气。遇干燥天气适当喷清水于纸面上，以达到保温保湿为宜。

（2）湿砂贮存法：将种子与湿砂分层贮藏，置于室内通风阴凉处，经

常保持砂层湿润。用细砂：种子为5：1的比例装入箱托运至目的地后倒出放入室内阴干，用沙藏的方法进行保温保湿，待气温回升至10～15℃时即可进行播种育苗。

（3）黄泥心土拌种干藏法：用多于种子4～5倍的干细黄泥心土，与浸湿的种子拌匀，贮藏在室内干燥的地窖或水缸中，上面盖一层2～3厘米厚的细干黄泥心土压实，盖木板封闭窖口或缸口。此法要经常检查，发现有发热霉烂的要即时清除坏种，并用高锰酸钾消毒种子和用具，然后再重新贮藏。

以上三种方法，可将八角贮存到次年2月份下播。

（4）冷库贮藏法：将鲜果或鲜种装入保鲜袋，置于0～2℃冷库中贮藏。此法可贮藏1年，种子仍能发芽。

4. 种子调运

八角种子装入小布袋，每袋10～15千克，车内堆放要通风透气，运输中严防日晒雨淋和发热。宜尽量缩短运输时间，一般不宜超过5天。

也可用果实调运，采果后立即包装启运，包装选用有保湿和散热作用的竹箩盛装。途中要避免发热或开裂脱出种子，到达目的地及时处理出种。此法运输不宜超过3天。

若长途远运，宜先将种子浸湿与干细黄泥粉或干净细湿河沙拌匀，亦可用湿的松木锯屑拌匀，用木箱装运。途中要注意保持种子湿润，干燥要喷水。

（二）育苗地的选择、整地与播种

1. 育苗地的选择

八角是一种比较耐阴的树种，特别是幼苗期需要荫蔽，所以苗圃地应选择背风，日照时间短，靠近水源，沙质壤土，pH值为4.5～5.5，环境阴湿，表土疏松深厚，肥沃，湿润和排水良好的东坡或东北坡的山脚缓坡生荒地作苗圃。旧苗圃地和农耕地上病虫较多，地力较差，一般不宜选作八角苗圃地。

2. 整地

在播种的前一年秋冬季深翻苗圃地，犁耙好，要挖深30～45厘米，三犁三耙，打碎土块，清除草根、石块，铺盖杂草火烧翻耕地，随后垒床起畦，以等高线起畦为好。畦面宽1～1.2米，高15～20厘米，畦间留人行道40厘米宽，畦面要平整，无杂草和泥团。到播种前，再翻耕碎土，平整畦床。床面或播种沟内撒上基肥与土拌匀。基肥每亩施放用猪（鸡）屎1000～1500千克加磷肥50～75千克加豆麸100～150千克，混合堆混腐熟后的有机肥。若是开沟点播的，先将基肥与土拌匀、拉平，再覆盖上2～3厘米厚的表土后再播种。使种子不与肥料直接接触。

3. 播种

（1）播种时间

一般对于无霜冻的地区，最好随采随播，选择在12月至翌年1月进行播种为佳。有霜冻的地区，应待温度回升至12℃以上时的2～3月进行播种为好，最迟也应在3月中旬前播完。贮藏的种子，播前须用湿砂催芽5～7天。

（2）种子质检

在播种催芽前，应进行一次种子质检。若八角种子表面呈乌黑褐色或微黄褐色、光滑发亮，证明这种子是好的，有发芽能力。也可以将种子抽样剖切检查，抽样100粒种子。用利刀切开两半，种仁呈乳白色且肉饱，证明种子是好的。有的种子也呈白色，但不是乳白色，种仁显得松软无油质，种皮干燥，证明种子是浸过水的，属于这几种情况的种子都已失去发芽能力，不能用来播种育苗。

（3）播种方法

一般采用条播，每隔15～20厘米开一条播种沟，沟深3～4厘米，在播种沟内均匀地播种，每亩播种量为6～7.5千克。播种后用草木灰拌上细土覆盖。厚约3厘米，再盖一层稻草，随即淋水，以防土壤水分蒸发和暴雨冲翻、冲走种子。经催芽的种子播后7天左右发芽。一般播后12～15天种子发芽出土。逐步揭去盖草，随即搭盖遮阴棚。因为八角幼苗不宜阳光整日照射，强烈的阳光会使幼苗凋萎死亡。搭阴棚时要注意北高南低，北高1米，南高70厘米，透光度为30%～40%。若不搭阴棚，也要插上芒萁遮阴，遮阴一定要均匀，透光太多或有些地方没有遮阴的，幼苗会变黄，生长萎弱，甚至很快就枯萎。因此，阴棚管理工作非常重要。八角苗生长的好坏，绝大程度上取决于阴棚的适当与否。插芒萁可以代替阴棚，特别是大面积播种能省工省料，但须提早在当年的12月播种，因为12月至第二年的2月常有云雾，日光较弱，八角苗经过冬季弱光光照的锻炼，到夏季逐渐木质化后，也能抗烈日的直射。

（三）苗圃管理

苗圃管理，包括揭草、盖阴棚、除草、松土、施肥、补苗、间苗和病虫害防治等工作。

1. 揭草、遮阴

当有50%～60%的种子发芽出土后，即揭去盖草，并立即搭盖遮阴棚。阴棚要到11月才能拆除，拆除太早，苗木还嫩弱，容易灼伤；太迟，苗木没有经阳光曝晒的锻

炼，移植后也容易灼伤死亡。阴棚拆去后，翌年2月苗高40～60厘米，地径0.4～0.5厘米，在芽未萌动前可以出圃定植。

2. 补苗、间苗

揭草后一个月内，将过密的小苗适当移到过稀的地方，让苗木分布尽量均匀。

苗木生长到8～9月，若因过密而出现明显分化，则应将被压苗、弱苗在两天后拔除。让留下的苗木有充足的生长空间。一般以不出现互相挤压为度。

3. 除草、松土和施肥

对杂草实行“三除”，即除早、除小、除了的原则。凡施肥前应除草松土。

当苗高5～8厘米（有3～5片真叶）时，便要开始第一次施肥（约5月份）；6～9月份苗木生长旺盛期，应每月追肥1～2次。与此同时，每月喷施1～2次叶面肥；10月份干施一次复合肥；12月中下旬，施一次腐熟的有机肥（作基肥），以增强越冬能力。

追肥以化肥如尿素（0.1%～0.2%浓度水溶液）、复合肥（0.2%～0.25%浓度水溶液）为主，亦可用经混制后充分腐熟的人粪尿、猪粪尿或饼肥，并充分稀释后按（1：（20～50）=肥：水）使用。

追肥使用原则：在雨前或阴天施肥，要薄施、淡施，施肥后要用清水洗苗。

4. 病虫害及其他管理

幼苗早期要注意防治小地老虎的危害，夏季之后要注意防治八角炭疽病。

苗场内常年要保持干净和排灌畅通不积水。苗场四周要经常将杂草清除，杜绝病虫害感染传播。

二、八角嫁接育苗

八角嫁接苗，具有保持母本优良性状、提早开花结实、促进分枝和诱导树冠矮化等优点，是很有效果的育苗方法。

（一）嫁接季节与方法

每年2～9月份，八角都可以嫁接，成苗率达85%以上。一般春季（2～3月份），宜采用“切接”法或“顶芽合接”法，亦可用“拉皮枝接”法或“丁字形芽接”法；夏季（5～6月份），宜采用“拉皮枝接”法或“丁字形芽接”法；秋季（8～9月份），宜采用“丁字形芽接”法。

（二）嫁接注意事项

选气温在15℃以上的阴天或晴天上午10时之前、下午4时之后进行，切忌中午和雨天嫁接。

1. 接穗

要选取优良品种中壮龄健壮植株上树冠中上部向阳部位、生长粗壮、芽眼饱满、无病虫害的一年生结果母枝作穗。

2. 砧木

选从红花或淡红花八角母树上采种育的1～2年生实生苗作砧，最好用离地15～20厘米高处其直径粗0.7厘米以上的实生苗作砧。

（三）嫁接后植株管理

1. 补接

接后15～20天检查成活情况，不活的立即补接。

2. 剪砧解绑

成活抽梢后即松绑去罩及剪砧，约40～60天当第一次抽的梢老熟后才能解绑。

3. 摘心定干

待嫁接苗长至20厘米左右时便可扶正、摘心定干。

4. 及时抹萌

只保留接穗上萌发的一条健壮枝，其余的（包括砧木上的）萌芽，均及时抹除。

（四）嫁接后苗床管理

1. 搭盖阴棚

有无阴棚，是嫁接成败的关键。故嫁接后要搭盖或加固阴棚。

2. 水肥管理

嫁接前后，苗床保持湿润。每月中耕、除草、施肥一次。前期以氮肥为主，后期适量增施磷钾肥。

3. 其他工作

及时做好病虫害防治和苗床排灌工作。

三、八角扦插育苗

自二十世纪七十年代开展八角扦插育苗试验至今，已经摸索出一套八角扦插的成功技术，平均扦插出根率已达75%，最高达90%。如“覆盖增温保温扦播法”和“自动间歇喷雾扦播法”等，其效果都很理想。

第四篇　八角造林技术

一、造林地选择

了解八角生长发育与各立地条件的关系，掌握适宜于八角生长的立地生态条件，是选好造林地的基础，是营造稳产高产八角林分的一个重要技术环节。所谓立地生态条件，是指气候、地形、母岩、土壤、植被等内容。

（一）灾害性天气

由于受台风、寒流、冰冻等灾害性天气影响，八角造林地小地形、小气候条件的选择就显得十分重要。因受狂风暴雨的台风和刺骨冰冷的寒流袭击，都会使八角大量落花落果，造成严重减产，甚至折枝损树颗粒无收。所以，选择八角造林地时，首先要避开台风、寒流通道的迎风坡面和高海拔的孤峰以及冷空气易进难出的向北开口的山坳、洼地。而应选择背台风（寒流）、冷空气不沉积、不易发生冰冻的低山、高丘腹地。风小、光足、湿度大、不受或少受灾害性天气干扰，是八角生长发育理想的地段。

（二）土　壤

由花岗岩、玄武岩发育而成的山地红壤、红黄壤。土壤深厚、疏松、呈酸性、富含有机质（大容山土壤含钾较多），均适宜八角生长发育。但凡长期农垦的坡面、低洼积水或海拔1000米以上的草甸土地段，因土壤瘦瘠或积水，此类地段均不宜选作造林地；凡石灰岩发育的土壤，因富含钙质，亦不宜八角生长发育。

（三）海拔高度

由于不同的海拔高度上，有不同的日照、温度、湿度、气压、风力、土壤、植被等生态环境条件，从而影响了八角的生产能力，并控制了八角垂直分布的高低极限。在云南省，八角垂直分布海拔范围为300～1000米，最适宜的垂直高度是400～800米。在1000米以上多属孤峰地段，全年受强劲的季风和地形风侵袭，年平均风速达每秒7米以上，年平均气温在18℃以下，绝对最低温-3℃以下，气温低，年温和日温（早、晚）变幅大，土壤淋溶，土层浅薄贫瘠，生境恶劣，都不宜八角生长发育。在海拔300米以下，均属各山脉前沿向平原（盆地）过渡的低丘台地，光照强、气温高、蒸发大、湿度小、又是台风、寒流必经之地。加之人为活动频繁，原生植被破坏殆尽、地表冲刷严重、土壤干旱瘦瘠，八角适生的“夏凉冬暖、土肥湿高”的热带南亚热带山地原生态环境已经不复存在，八角生产力极低，不宜发展八角。

在云南省选择八角造林地时，海拔高度是一个很关键的生态条件。

（四）坡向坡位

在云南省三大山脉的大南坡，应尽量避开台风和强光的干扰，选择阴坡或半阴坡的小地形；大北坡，应尽量避开寒流干扰，选择阳光较充足的半阳坡或阳坡小地形。总的来说，在适宜的海拔高度范围内的高湿静风区和低海拔地段，阴坡比阳坡好；在较高海拔地段，阳坡或半阳坡比阴坡好。

而坡位，会造成水、热、土、肥等主要生态因子明显的再分配，影响较大，一般下坡好过中坡、中坡又好过上坡；若坡面不长，坡度又较平缓的，其上、中、下坡各生态因子变化不大的，则坡位对八角生长发育影响不大。

（五）植被（植物群落）

植被，能一定程度上综合反映出立地条件的好坏，可作为选择造林地的重要依据。

在云南省，适宜八角生长的海拔范围内，凡生长着的樟科、壳斗科、茶科等乔木为主的常绿阔叶林，或生长着茂密的喜阴喜湿高草灌木丛地段。即凡是北热带、南亚热带山地常绿阔叶林或高密灌木草丛地段，都可选作八角造林地。忌选有硬骨草、雀稗、镰刀草等耐干旱草类生长的地段作造林地。

二、整　地

整地前，采伐迹地应进行清理和炼山。

为尽量减轻整地引起的水土流失，减少投资和提高八角幼林地的自然植被覆盖率，八角的造林整地，宜采用块状或带状定点挖坑整地。

（一）块状整地

在陡坡、坡面破碎或四旁植树，均应采用块状整地。按株行距定点挖坑，坑的规格一般50厘米×50厘米×40厘米。挖出的表土和心土分别堆放，先回打碎的表土入坑底，后回打碎的心土放上面，留1/4坑不填土，挖“半明坑”。

（二）带状整地

带状整地，又分水平阶梯整地和斜坡带状整地两种方法。

1. 水平阶梯整地

此法适用于坡度15°以下的缓坡地。先按行距定带，在带上本着“削高填低，大弯顺势，小弯取直”的方法，筑成内低外高反坡水平阶梯带。阶梯带面宽60～70厘米。

然后照株距在阶梯带面上定点挖50厘米×50厘米×40厘米“半明坑”。

2. 斜坡带状整地

此法适用于坡度15°以上的坡面整地。先按行距定带，其带面（斜坡）宽50厘米，带面上的土翻成块不打碎。然后照株距在带面上定点挖50厘米×50厘米×40厘米的“半明坑”。

不论哪种整地方法，最好在秋末冬初前完成，最迟也要在定植前一个月挖好坑。

全垦整地，水土流失严重，不宜采用。

三、定　植

（一）初植密度

要求造林后第三年开花、第五年投产的果用八角林，其每亩初植密度实生苗宜植34株（4米×5米）~55株（3米×4米），嫁接苗宜植45株（3米×5米）~67株（2.5米×4米）。宜疏不宜密；若要求造林后第三年投产的叶用八角林，每亩种实生苗220株（1.5米×2米）~333株（1米×2米）。一般不同时营造果叶两用林。

（二）苗木出圃标准

一年生苗，高50厘米，地径0.7厘米以上的健壮苗；

二年生苗，高100厘米，地径1.2厘米以上的健壮苗。

（三）起苗、浆根、假植

1. 起苗

起苗前1~2天要让苗床充分湿透，用山锄挖苗，保证不伤苗并根系完整。边起苗边按苗木出圃标准依大小分为Ⅰ、Ⅱ级，同级的每50株一捆进行浆根。凡不合圃标准的苗木不能上山造林，应种回苗床继续培育。

起苗前1～2周，剪去苗木上全部的侧枝和1/2～2/3的叶片。长距离运输的苗亦可留苗高15～20厘米进行截干。

2. 浆根

使用生荒地的黄泥心土打浆，不能过浓或过稀，以苗根能黏上薄薄一层泥浆为准。拌浆时可加入少量磷肥和适量的3号（或8号）强力生根粉或细胞分裂素。拌好浆后，将捆好的苗木根颈以下部位轻轻放入泥浆中，让根系充分黏上泥浆。浆好根的苗，集中放在避风阴凉处。运往造林地时，宜用稻草盖苗，以防风吹日晒。

3. 假植

一般要求当天起的苗当天种完。种不完的要假植在近水边的造林地，次日起出苗再重新浆根、定植。

远处运来的苗，数量多，不能及时定植的，应及时假植，上山前再起出苗重新浆根。

（四）定　植

1. 定植季节

八角裸根苗，春秋两季都可定植造林，以早春（1～2月份）春芽萌动之前最适宜。

2. 施基肥

（1）有机肥的施放方法：凡是用农家肥（猪、鸡粪），必须加适量（5%～8%）的饼麸或磷肥充分拌匀沤熟后才能使用。每坑施有机肥3～5千克。施放基肥时，先将坑内上层泥起出，坑内留1／2的泥，放入基肥与土拌匀，拉平踩实，再回泥入坑至坑面，并稍加踩实，随后定植。最好在定植前1～2周施肥。定植时，肥料不能直接与根系接触，要离苗根3～5厘米为宜。

（2）化肥（复合肥）的施放方法：当定植完毕后，将肥料均匀撒在坑内二侧，离苗根2～3厘米的地方，再盖上一层2～3厘米厚的松土即可。每坑施复合肥0.3～0.5千克。

3. 定植技术

采用“深坑定植法”。即定植后坑面低于地面3～5厘米。此法定植点应尽量靠近坑上方，定植深度以松土盖过根茎2～3厘米为准，若嫁接苗，覆土不能遮盖接穗切口，离3厘米以上为宜。

定植时，坑内的泥土必须充分湿润。同时凡是苗根上的泥浆干白了的苗不能再定植，应作废苗处理。

第五篇　八角管理

一、八角幼龄期的管理

八角定植造林后1～5年，为幼龄期。此时期，林木仅进行干、枝、叶、根的营养生长，尚无开花结果能力。

（一）林地覆盖

八角果用林，初植密度小，一般造林定植后的第一年，对林地覆盖度只有5%～6%；第二年15%～16%；第三年30%～35%。这时如果没有其他植被覆盖林地，就会造成水土流失和干旱，恶化生境，影响八角成活、保存与生长。因此，搞好大部分裸露林地的覆盖，仍是八角幼龄林管护的一项重要措施。

1. 自然覆盖

凡利用造林后林地上自然生长起来的杂草灌藤等天然植被来覆盖裸露林地的方法，叫自然覆盖。此法必须及时清除挤压八角植株的杂草灌藤等天然植被。

2. 人工覆盖

此法多在退耕还林原来全垦整地的林分中采用。人工覆盖，通常有三个方法：一是间种绿肥（如紫云英、苕子、茹菜、蚕豆等）；二是间种农作物（前两年，可种豆类、姜、马铃薯、烟草、辣椒等）；三是套种投产早、寿命短的果树（杨梅、李子、桃子等）。不论哪种方法，其一，不能间种缠绕的作物；其二，间种或套种，都要中耕施肥，不能搞掠夺式经营；其三，采用水平带状坑垦种植，尽量减轻水土流失。

（二）补　植

造林定植一个月后，发现死苗，立即进行补植。

年终造林成活率检查不足85%的，来年早春须进行补植。此时必须用2年生以上的良种大苗，带土包根移栽（补植）。移栽前1～2周，先将移栽苗2／3以上的枝、叶剪除，以保成活。

（三）除草、松土、扩坑、施肥

这里以带状整地和利用自然植被覆盖林地的果用八角幼龄林为例：

1. 造林当年（第一年）

要扩坑一次和除草、松土、施肥三次。

（1）扩坑

在12月份当年第三次除草松土施肥时一起进行。坑上方扩10厘米，坑两侧扩20厘米，深20厘米，扩坑挖的土一般不打碎。在两侧扩坑位置，再挖两条平行的压青（草）沟（长50厘米，宽15厘米，深30厘米）。

（2）除草松土施肥

第一次在4月底至5月中旬，带面割草，发现有绞杀性植物连根挖起晒干烧毁，坑面松土每株撒施尿素20～30克。坑四边铲土盖肥并铺草盖坑面。肥不与八角树接触

（以下同）。

第二次在6月下旬至7月初，坑面铲草浅松土及施肥，每株在坑内松土上撒尿素50克、氯化钾或复合肥30克。坑回铲草（土）入坑内盖肥并铺草盖坑面。

第三次在12月份，种植带上全面割草砍（挖）杂灌木藤，然后扩坑，挖压青施肥沟，杂草拌土放入沟底。每株放腐熟土杂肥10～15千克（或复合肥1千克）在杂草上面，放入松土拌匀，最后用松土将沟填平。

2. 造林后第二、三年

每年扩坑1次割（铲）草松土施肥4次。

第一次在1月下旬，坑面除草浅松土，并在每株冠缘下撒尿素50～100克，再用松土盖好肥。

第二次在4月中、下旬，坑面先松土，再在每株冠缘下撒施复合肥100～150克，坑四边铲草带土入坑，盖肥并铺草盖坑面。

若发现杂草灌木严重挤压八角幼树生长，则应全林低位割草砍杂灌一次，过10～20天，草灌长出的新枝还未木质化之时，严格按操作规程全林喷草甘膦一次。彻底控制杂草灌木狂长。

第三次在6月份，松土施肥除草方法与第二次相同。不同的是若要全林除草，不宜用除草剂，改用低位割草砍杂灌即可。

第四次在12月份，方法与第一年第三次相同。不同的是沟内施复合肥可增至1.0～1.5千克。

3. 造林后第4～5年

这期间，八角植株发育步入生殖生长初期，开始开花结果。

这两年的除草松土施肥其每年的次数、季节与方法，基本上与第2、3年的相同，即每年都要除草松土施肥四次。不同之处，一是不再扩坑。二是肥料第一、二次改用八角专用复合肥或氨基酸有机复合肥，每株每次0.5千克。第三次用复合肥0.5～0.7千克。第四次在冠缘下开环形沟压青施肥，每株用复合肥1～1.5千克。三是除草仅春、夏天两季进行化学除草。

（四）树体管理

1. 果用林

（1）实生苗造林的果用八角林

幼龄期，强调保护好主干和侧枝，除枯枝、病枝要修剪外，不能随便修剪。只有具备强壮的主干和充足的各级侧枝，才能为未来培育干形高大、小枝密集的良好冠形打下基础，将来八角才有高产可言。

（2）嫁接苗或截干苗造林的果用八角林

幼龄期，造林后第1、2年，只能留一株萌芽主干，其余萌条全部抹除。之后，对徒长直立枝、交叉枝、纤弱枝、病枝都要及时修剪。以形成主干明显侧枝强壮的良好的原始冠形。

2. 叶用林

当八角主干高达1.5米左右时，要及时截除顶梢，控制树高生长，促进侧枝发育，进行“头木林作业”，切干上选留4～6条健壮萌芽枝作为主干枝。主干枝东西南北四方尽量均匀，以提高冠幅，增加枝叶产量。

二、八角中幼龄初果期的管理

果用速丰八角林，造林后第6～15年，为中幼龄初果期。此时期，林木的干、枝、叶、根继续大量生长，同时开花结实也逐年增多，是林木进入营养生长与生殖生长并重的时期。也是冠形逐步稳定，林分步入高产的前奏。管理工作极其繁杂。

（一）林地土壤管理

八角林地，由于经过幼龄期的不断扩坑和除草松土，种植行之间的草带已经大大缩小，自然植被覆盖保护林地能力正在减弱。为有效地保护林地土体安全，从中幼龄初果期开始，必须实施：

（1）林地的人工除草，应改为化学除草为主。

（2）施肥不搞撒施，改为点穴或沟状施肥。

（3）每隔3～5年，全林冬季全垦深翻不碎土一次。以达到防止水土流失，调整土壤结构的目的。

（二）林地施肥

中幼龄初果期，花果逐年增多，故施肥过程中对磷、钾比例也应逐年提高。而根据八角每年枝、叶、花、果、根系的生长发育规律，宜每年施肥五次：

第一次，在元月下旬至2月上旬，八角抽春梢和幼果发育之前。施氮、磷、钾较丰富的保果催梢肥。每株施氨基酸有机复合肥或15∶15∶15的复合肥1千克或沤熟的饼麸1.5千克。宜采用冠缘下开沟深施法。肥料撒入沟内后必须与土充分混均匀，并用土覆盖。

第二次，在4月下旬，施一次以磷、钾为主的壮果育花肥。每株施八角专用复合肥0.8～1千克，亦可兼施生物钾肥0.2～0.3千克。宜采用点穴状深施。肥料放入穴内后要与土混均匀，并用土覆盖。

第三次，在6月下旬至7月初，施一次富含氮、磷、钾和多种中微量元素（钙、镁、钼、硼、锌等）催花壮花，壮果壮梢（秋）肥。以提高花量、坐果率和秋果质量产量。每株施氨基酸有机复合肥或八角专用复合肥1～1.5千克，或施加有5%～8%钙镁磷肥沤制腐熟的饼麸肥1.5～2千克。亦可兼施适量的生物钾肥和其他微量元素肥料或追施叶面肥。宜采用冠缘下孤形沟施放或点星状穴深施法，以扩大肥料与根系的接触面。肥料入沟（穴）后要与土混合均匀，并用土覆盖。

第四次，在10月采收秋果前后十天内，施一次以磷钾肥为主的保果复壮肥，以提高坐果率、保果率和树势。每株施沤熟鸡粪5～10千克或氯化钾0.3～0.5千克、过磷酸钙0.3～0.4千克，或鱼粉有机—无机复混肥1～1.5千克。宜采用冠缘下浅短沟或点穴状法。肥料与沟（穴）内的土混均匀，再覆盖上土。

第五次，在12月冬修果园时，以压青改土为主。在沟内压青上面施腐熟垃圾肥或土杂肥或猪粪15～20千克。宜在水平线冠缘外开二条平行沟深施。

冬修八角园，包括林地割草砍杂、修枝、整形、培土或冬垦等工作。

（三）林分密度管理

八角10年生左右的林分，往往因林分充分郁闭而出现林木枝下高急剧上升，冠层减薄，产量急剧下跌的情形。此时表明，该林分的密度必须进行调整，务须开展第一次抚育间伐。据调查研究认为，速生丰产的八角果用林：第一次间伐后，林分郁闭度降至0.55～0.6，每亩保留株数控制在25～45株范围内。间伐对象主要是劣品种、过密、被压的植株，并尽量让保留木分布均匀；叶用八角林：每亩保留167～222株为宜，并让保留木分布均匀。

（四）树形管理

八角的中幼龄初果期，是植株形态骨架形成期，整个冠形还不够稳定。而冠形与产量有密切关系，故要培育高大通直密枝窄冠的高产冠形，就必须对林木加强保护，进行合理间伐和修剪。凡果用林，每年5月、12月进行全面的修枝整形工作，把生长过旺和扰乱冠形的徒长枝、弱枝、交叉枝、枯枝、病枝、虫枝等从枝基部剪除。

（五）化学除草

中幼龄初果期，每年化学除草二次。第一次在3～4月份杂草灌木刚抽梢展叶其枝叶幼嫩未到半木质化之时进行。第二次6～7月份，此次可先割草砍灌后10～20天，待草灌刚萌出新枝叶尚幼嫩之时进行。

化学药剂应选林业专用的除草杀草剂，如草甘膦、草胺膦、敌草快等。除草，要针对杂草种类选用药剂，并要严格按各药剂的说明进行使用。

三、八角成年期（盛果期）的管理

八角果用速丰林，造林后16年开始直至衰老，这段时间为八角的成年期（盛果期）。此时期，是八角树冠发育趋于相对稳定，植株进入大量开花结实（叶用林进入大量采收枝叶）的时期。其整个时期的林分管理，基本上与中幼龄初果期的林分管理相一致。

（一）林分的土壤管理

与八角中幼龄初果期的土壤管理相同

（二）林分施肥

每年施肥的次数、季节、方法与肥料种类，基本与中幼龄初果期的相一致。不同的是：

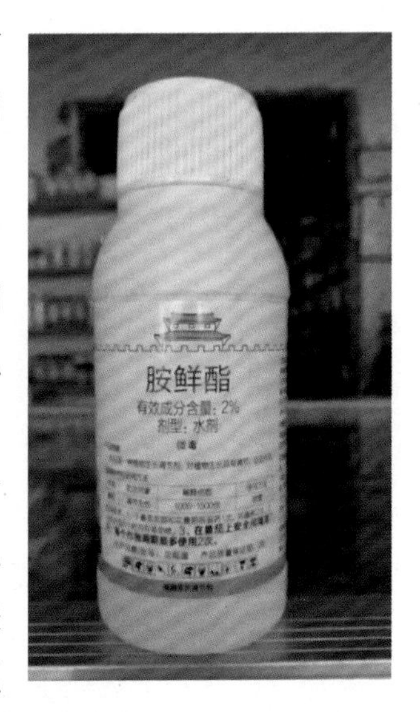

1. 施肥方法

每次施肥量，要比中幼龄初果期的增加50%～100%。但也要看树势和叶色，适当变换氮、磷、钾的比例。如遇树势转弱叶色由深绿变淡属于缺氮；若叶色褪色无光泽甚至卷曲枯萎属于缺钾；若叶片出现紫斑而卷曲出现缺磷时，则适当提高缺乏元素肥料的比例。

2. 喷施叶面肥

每年2、4、5月份，落花落果较严重。此时增施叶面肥，在喷施硼、钙、锌等叶面肥基础上，添加氨基酸钾、核苷酸钾、糖类等有机营养，也可加芸苔素内酯、胺鲜酯等植物生长调节剂。每期连喷2次，每次间隔10～15天。

（三）林分密度管理

果用八角成龄林的密度管理，目前，在云南省有两种类型。

1. 第一类是从未间伐过的林分

这类林分密度大，分布不均，产量低或极低，要立即进行连续二次间伐。第一次间伐强度稍大，要求间伐后每亩较均匀分布保留50～70株，间伐对象主要是劣品种的、过密的、弱势的植株，特别是枝粗横生结果少的霸王木要伐除。第二次间伐日期，具体要看林分郁闭度恢复到0.85～0.9时所需时间长短而定，一般二次之间的间隔期为3～5年。间伐后最终每亩保留30～40株，若立地条件较好、经营水平较高的每亩可保留20～25株，这次间伐对象重点是过密的和劣品种植株，力求让保留木分布均匀。

2. 第二类是中幼龄初果期有过一次间伐的林分

这类林分，当郁闭度恢复到0.9左右时，便要进行第二次间伐。其间伐对象主要是挤压木、弱质木，间伐后每亩保留20～25株并均匀分布。原则上要求立地条件优越的或植株高大的林分，宜少留；立地条件一般的或植株冠形较窄的林分，宜多留。

通常八角林经二次间伐后，往后不再需要进行间伐。如若再出现郁闭度超过0.7影响开花结果时，可用修枝方法，来调整林分透光度，再将郁闭度降至0.5～0.55即可。

（四）叶用八角成龄林

若经过一次间伐的，通常不须要进行第二次全林间伐。只对个别植株过密集的地段进行局部不定时的调整。但每亩最终保留株数不少于167株。

四、八角劣质低产林分的改造

八角，喜欢生长在夏凉冬暖、土地深厚、疏松肥沃、湿润且呈酸性、排水良好、无季风干扰的山地。故在八角劣质低产林分改造中，宜坚持这一原则：即凡因立地条件不适宜营造八角而形成劣质低产林分的，一律进行树种更替，改变为别的树种的林分。

（一）八角中幼龄劣质低产林分的改造

1. 中幼龄劣质林分的改造

这里，劣质林分有两个含义，一是指林分中绝大多数植株是劣种；二是指林分植株生长弱，长势差。改造的办法，前者，采用高位嫁接，换上良种。亦可用良种苗重新造林；后者，先去劣留优，调整密度，再按本篇八角幼龄期或中幼龄初果期管理技术实施管护。

2. 中幼龄低产林分的改造

凡中幼龄初果期，林分出现开花结果迟，开花结果株率低，花少果少等情况，造成林分低产。究其原因，一是水肥不足或是水肥管理不合理；二是密度过大；三是劣质林分。第一个原因的，按本篇中幼龄初果期管理技术进行严格实施即可。亦可截干萌芽更新，每株留一株萌条并加强水肥管理即可；第二个原因的，首先进行间伐调整密度，然后再按本篇中幼龄初果期管理技术实施；第三个原因的，按中幼龄劣质林分的改造所规定进行改造。

（二）八角成龄林低产、残林的改造

1. 成龄林低产林分的改造

首先要找出其低产原因，然后有针对性地采取相应营林技术措施加以改造。

（1）若是因林分密度过大造成的，则首先按“去劣留优，去密留疏，去弱留强”的原则进行1～2次间伐，再依本篇中八角成龄期管理技术实施管护。

（2）若是因病虫害造成的低产林，则首先针对性地防治好病虫害，与此同时，重点实施根系和树势的复壮工作，即当年冬全林深翻土一次，开沟压青，下足冬肥。在1～2年追肥中改施氮肥为主。待树势恢复后，可依本篇规定的管护技术进行管理。

（3）若因林分保留植株少（每亩不足10株），郁闭度又在0.3以下的低产林分，改造需有大的动作。即：首先砍除劣品种植株，然后按初植密度的株行距，挖坑定植套种八角良种以壮亩，最好选用幼林地上过密的2～3年生幼树移栽，形成异龄林。林中的老树，按八角龄期管理技术护理；林中的幼林，按幼龄林管理技术护理。当两者发生矛盾时，保护幼树，淘汰老树，以尽快形成新的高产林分。

2. 成龄残林改造

这里指的是老化衰败的八角成龄林。其成因多是由于过去经营粗糙或失管或遭火灾、虫灾、病虫等原因造成

的。对这类林分的改造，应根据林龄、残败程度、立地优劣、恢复价值和经营条件等综合考虑，有针对性地采取相应的改造措施。

（1）早衰早败的残林改造

若林分虽然残败，但林龄还不算老（20～40年生），立地条件又好，树势容易恢复的，可通过加强土体管理、根系管理和水肥管理来进行改造。即第一年冬季，全林割草砍杂灌后，全垦深翻一次，并每株开沟压青加施50～100千克有机土杂肥。以改善地表水、光、温热条件和地下土体透水保水透气条件，并可切除大量老化的细根须根，萌发新根建立新的根系吸收系统。第二年按成龄期管理技术，全年施肥五次，并适当加大氮肥减少磷钾肥的用量比例。经1～2年树势恢复，首先用间伐或修枝办法调整好林相，再进入成龄期的正常管理。

（2）老龄的残林改造

随着年龄的增长，树木经过中壮龄后，势必进入逐步衰老以至自然死亡的老龄阶段，这是一个不可抗拒的自然规律。这样的残林，已无恢复经营价值，其最好的改造办法，就是迅速砍伐更新。

第六篇　生理生化调控技术

一、机械损伤控梢促花技术

在八角中应用机械损伤法，其主要目的是控夏梢促花。而且只对常年开花结果少或不开花结果或有花无果的植株进行此法。

人工机械损伤控梢促花一共有五种技术：即断根法（伤根）、环割法和螺旋环割法（伤韧皮部）、木质部挤压阻流法和木质部渗透化调法（伤木质部）。本质上机械损伤法损伤的部位是植株的根和茎的输导组织。

当韧皮部损伤时，一方面伤口切断了自上往下输送的有机营养物质；另一方面，伤口具有极高的呼吸代谢强度，成为吸收树体内有机营养的“黑洞”。从而强行制造植株内各种营养物质流的紊乱，引发生长点细胞代谢模式紊乱、叶芽生理紊乱，控制生长点叶芽的萌动，出现生长点细胞滞育。创造生长点花芽基因活化发达的环境，导致花芽分化，达到控梢促花的目的。

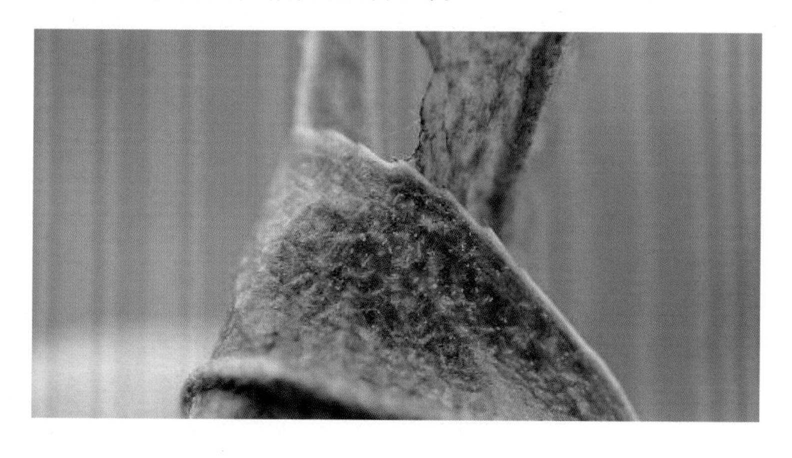

当根及木质部损伤时，都会造成植株体内缺水，体内生理失去平衡，形成干旱效应。引发生长点细胞代谢模式紊乱，细胞滞育，抑制梢的萌动，促进花芽分化。

不是所有的八角树都可以开展人工机械损伤控梢促花，任何一种损伤法，要想达到既不伤树又能控梢促花增产此目的，则必须具备以下三个条件：①操作正确；②各技术参数（长、宽、深等）合理；③适时适树。

（一）断根法

在4月份除草松土施肥抚育时，铲断大部分或部分须根（吸收根），但不能伤主根和各级侧根。

此法虽简单，但操作难度大，不易掌握。断根法，适宜于立地水肥条件好、枝叶生长过于旺盛常无花或少花少果的中幼龄植株。不宜在立地干旱或地下水位低的林分实施。

（二）环割法

1. 具体操作

选枝下树干高离地1～1.5米部位，用专用果树环割刀，环割半圈（1/2）圆周长。每树割二个半圆，一个南一个北对称，二半圆（环）垂直距离20～25厘米，割口宽2～4毫米，深至形成层。

2. 环割季节

在云南省，于3月底4月初为宜。

3. 注意事项

环割的技术虽不复杂，但其各技术参数（宽度、深度、长度、环距）与树势、树龄、立地、气候等因素之间的相互关系甚为复杂，极难掌握。故环割及螺旋环割时，须特别注意以下事项：

（1）割口的宽度宜小不宜大；二环的垂直距宜大不宜小。

（2）凡经不起伤害的老树、弱树和正处于营养生长的中幼龄树，均不宜环割。

正常开花结果的八角树，绝不允许环割。

（3）凡立地干旱瘦瘠，地下水位低，水肥条件差的林分，不宜环割。

（4）当割口线上出现瓶颈效应（树皮积聚营养膨胀）时，宜立即叶面喷施有机营养和根部淋施有机营养（不能施无机肥）。

①叶面喷施：水50千克，加尿素30克，磷酸二氢钾15克，光合素（或氨基酸钾或核苷酸钾）1／4包，维生素b辅酶1／2包，葡萄糖50克，总药量稀释浓度不超过0.2%为准。

②淋根：在根毛区淋氨基酸钾、核苷酸钾、花果核能（葡萄糖磷脂）、白糖等，总药量稀释浓度以0.1%为宜。

能否及时补充植株体内有机营养，是关系到环割成败的重要条件。

（5）人们在片面追求短期经济利益的思想驱使下，盲目推行环割技术，结果普遍出现八角环割伤树毁林现象；综观各方面的情况，我们认为，仅对如下二种情况的八角可以进行环割：一是过密的林分中要抚育间伐的对象；二是修枝要修剪去的直立枝或交叉枝。

（三）螺旋环割法

它与环割法不同之处，是割线成螺旋状绕树干1.5~2.5圈，螺旋状割线斜度为20~30度。其他技术参数和应注意事项，与环割相同。

（四）木质部挤压阻流法

茎的木质部是树体内输送水和无机营养的静脉。对木质部进行挤压阻流，利用“节位效应”，可有效地起到控水断根之功效。此法对植体损伤很小，不会导致植株早衰早亡，是一种比较理想的控梢促花方法。

具体操作：将竹钉或铁钉打入主枝分叉的茎节处，或用竹片、铁片楔入树干。深度视树势而定，树势旺，树冠层厚，立地肥水足。则楔入宜深，数量可多。反则反之。

楔入一片时，定位在南向，深度为2/5~1/2直径；楔入二片时，定位在南、北向，且二片不能楔在同一水平面上，垂直高度错开20厘米以上；楔入三片时，定位在南、东北和西北向，深度为1/3~2/5直径，各片垂直距错开15~20厘米。

（五）木质部渗透化调法

此法是在木质部挤压阻流法的基础上，再加上渗注入激素（如多效唑）、类激素（如PBO）和有机营养等生长调节物质，对树体内活细胞生化代谢途径进行化学调控。将机械损伤法和化学调控法二者有机结合搭配实施的方法。据推广实践，此法对控梢促花，壮花保果，均能取得良好效果，是值得今后大力推广。

1. 具体操作

采用专用的果树木质部渗液输液器，也可土法钻孔输液。即：

（1）用直径3～5毫米的钻头在树干或主枝上钻孔，深度为直径1/2～2/3，钻孔1～3个，呈辐射螺旋状分布。上下孔垂直距5～10厘米，孔的大小、深度和个数，与树势和立地水肥条件成正相关，亦可按实施要求而定。

（2）孔钻好后，用专用塑料螺纹管或橡胶塞、硅胶塞、软木塞、蜂蜡等软质弹性物质密封孔口到树皮内初生木质部。

（3）将控梢促花的药剂——叶芽休眠素和维生素b辅酶，按规定浓度配好后，装入矿泉水瓶，用橡皮胶塞封口。将医用静脉输液针、管连到矿泉水瓶与树干各钻孔口，瓶倒挂在孔口上方，在朝上的瓶底用针钻一个小孔，防止瓶内产生负压。

2. 方法特点

（1）解决了喷洒叶面肥难以解决的剂量、时间与生长相匹配的问题。

因药液是随树体的蒸腾流自下而上输送的。故凡芽、新梢、新叶蒸腾作用强的部位其药液获得量大。凡老叶生活力弱蒸腾作用小，随蒸腾而来的药液也少。树体能按需取量，解决了剂量与生长相匹配的问题。

同时，渗液过程缓慢，它与树体内的生命活动速率相一致，不会造成短期内药剂量剧增，也不会依时间推移使药液浓度下降。药剂能自动依树体内生物钟同相位供应，解决了供应时间与生命生长相匹配的问题。

（2）药剂种类和剂量，可以随时更换和控制，不会产生药（肥）害，且药（肥）效高而持久。

（3）施药不受天气影响，无论白天黑夜，晴天雨天，寒风烈日，渗透化调可正常进行。

同时，渗液100%被植物所吸收，不会造成浪费，故成本低。

二、化调控梢技术

八角，主要是控制4月下旬至5月上旬萌发的夏梢。故化调控梢，宜在三月初春梢展叶后的下旬进行。具体操作：用300～400倍的新型果树促控剂（PBO），加磷酸二氢钾15～20克连续喷2次，每次间隔15～20天。亦可用成花素1包兑水50～750千克喷施。若两种药物同时使用，宜将各药剂兑水后再混合，并加水30%～50%。一般两种药物交互使用，原则上宜稀不宜浓。

三、化调促花技术

（一）化调促花时间

化调保花，应在花芽显蕾（7月上旬）前30～40天完成，故宜在5月中旬至6月中旬进行。

化调控梢后，花芽基势必萌动，开始了生化代谢过程十分复杂和艰巨的花芽分化进程，直至花芽内各花器完全形成的这段时间里，强烈要求激素、有机营养和环境条件（三维因素）之间密切协调，只有这三维因素越优越、越稳定和越持久，则花芽分化才越完全，花质和雌花比例才越高。为此，促花在控梢之后便要立即进行。

（二）具体操作

1. 木质部渗透法

用150～200倍的叶芽休眠素，250～500倍的甲基细胞激动素（或甲基细胞分裂素）和200～500倍的维生素B辅酶。亦可加少量葡萄糖。

2. 叶面喷洒法

将以上化调药剂再稀释30%～50%水后喷施。亦可加同浓度的成花素、多效唑、比久、白糖一起喷施。

在此期间，若喷施叶面无机肥，则必须在晴天进行。其无机肥比例为：尿素15千克，磷酸二氢钾5～6千克，硫酸锌0.1千克，硫酸钼0.1千克，硼砂0.05千克混匀后装入袋中贮存备用。使用时，将混合肥稀释1000倍（即水50千克加肥50克），每50千克稀释液加食用醋25克。

若无机肥与有机营养物质一起配合使用，则药剂、营养素和无机肥加起来的总稀释浓度不能少于500倍，控制在500～1000倍之间。并采取少食多餐的原则。

四、化调壮花技术

（一）壮花时间

八角在红河州，其初花期在7月下旬至8月上旬，盛花期在8月中旬至9月中旬。据此，化调壮花时间，宜7月中旬至9月中旬。因八角在开花前15～30天，是决定花质量的关键时刻，这期间，花分化出各种花器，正值需要大量的有机大分子物质，如：糖、氨基酸、脂肪酸、磷脂、核苷酸和维生素b辅酶等基本生物分子。

（二）具体操作

1. 木质部渗透法

第一步，用500～800倍细胞激动素推动花原基分裂分化成各种花的器官组织，并加入300～500倍的维生素b辅酶和100～200倍的糖。每株成年八角植株灌注300～500毫升。渗透时间20～30天。

第二步，紧接着渗注浓度较大的200～500倍的细胞激动素，500～750倍的氨基酸钾（或核苷酸钾），200～400倍的维生素B辅酶，100倍的白糖（或葡萄糖），另加200倍的山梨酸钾作防腐剂。

渗注持续到八角盛花期花谢之时。

2. 叶面喷施法

用水50千克，加细胞激动素（或甲基细胞分裂素）1包，生殖生长素（或氨基酸钾）半包，维生素B辅酶

10～15克，白糖25～30克。浓度控制在0.15%～0.2%范围，每隔10～15天喷一次。从花蕾期直喷施到八角盛花期花谢之时。让绝大部的花得以授粉坐果。

壮花期，忌用无机肥或喷施叶面无机肥，切记。

五、防止秋果落果的化调技术

（一）秋果落果的原因

八角的秋果，落果最严重的季节是2月份和4月底至5月初这二次。

第一次严重落果，主要是去冬积累储备下来的养分，供春梢萌动后，已贮存不多影响所致。另亦有因遇突然低温阴雨，自身养分贮备不足，抗性差所致。

凡春梢，即八角明、后年的花果枝，都不宜控更不宜剪的。防止第一次严重落果的办法，就是补充补足树体营养。

第二次严重落果，主要是碰上夏梢抽发期和根系大生期，八角正处于植株营养器官生长旺盛期，树体内的水、养分消耗很大，极易造成树体内因缺乏营养储备而大量落果。

（二）具体操作

1. 木质部化调法

从1月中旬开始至2月中旬，用75%赤霉素（920）结晶粉150000倍液、细胞分裂素600倍液、液体钙1000倍液、胺糖硅1000～1500倍液、白糖300～500倍液等混合喷施2～3次。

2. 叶面喷施法

将以上药液浓度降至0.1%～0.15%，选冷尾暖头时节的晴天喷施，每隔5～10天喷一次，连续2次。

与此同时，在1月下旬，根部施1次以氮、钾为主的八角专用肥或氨基酸有机复合肥，每株1.5～2千克，沟状深施。

3. 补充肥料

4月份以后，已正值开展化调及叶面喷施控（夏）梢促花和壮花等措施，故无须再作处理。但在4月中、下旬，应进行当年第二次施放以磷、钾肥为主的八角专用肥。每株1～1.5千克，采用开穴点星状深施，穴内肥料（约0.3～0.5千克）与表土拌匀，后盖上表土。

第七篇 八角病虫害防治

一、八角病害

（一）八角炭疽病

1. 为害症状

常为害叶片、嫩芽嫩枝和果实，引起叶片病斑、枝条枯死、果实皱缩变黑。林间叶片发生病斑是病害症状的主要特征，病斑多首先出现在叶尖和叶缘处，初期呈水渍状小斑点，后期病斑中部变成灰褐色，边缘有褐色条纹，病斑近圆形，其上密布带灰色的呈轮纹状排列的小黑点（即分生孢子盆）。一般1张叶片上有1～2个病斑，多者3～4个，偶有6～8个；果实受害，先在表面形成不规则水渍状黑斑，在湿度大的情况下，病斑扩展迅速，其上密生小黑点，后期病斑皱缩。八角一年中花果并存，营养消耗大，由于树体叶片染病出现病斑后常提早脱落，光合作用和营养积累均受到影响，长势削弱，因而易造成大量花果脱落。病害发生严重的林分，生长期内引起多次落叶、落花、落果，到11～12月，树上叶片、花果基本落光，仅剩枯枝，形似火烧。在红河州蒙自市期路白乡蚂蝗冲村，一年中八角一般在3月抽发春梢，大量花蕾于6～8月抽出。对新抽出的枝梢而言，叶片上的病斑出现期为5月上旬，高峰期为7～10月，消退期为11月。当叶片上病斑直径达0.6～1厘米时，叶片多在12～18天脱落，病害致叶片脱落的发生高峰期为7～10月，其中最高峰期在7～8月。

2. 发病规律

八角炭疽病是一种主要以雨水和气流传播的真菌性病害，病害的发病中心一般分布在山脚、山坳、山沟等位置较低或者山顶风大、长势较差或者易感病品种的林分处。八角炭疽病病原菌为球状炭疽菌，该病菌可在病叶、病树枝干不同部位越冬，翌春八角吐芽展叶时病菌开始扩散、侵染，叶片有一定湿度时，菌丝或分生孢子萌发侵入植物组织内。一般4～5 月初开始发病，在温度、湿度适宜条件下，可以不断产生孢子，孢子萌发后又侵入植株体内。7～8月是发病高峰，在雨水均匀、冬季温暖的地区，几乎可以全年发病，但冷冬病害停止。可依之对该病进行科学防治，避免时间上的盲目性，提高防治效果。

3. 防治方法

（1）人工防治

①成林间伐：过密的八角植株除了使林内通风透光差、影响树木生长外，也可引起病害迅速传播蔓延。因此必须对植株过密地段实行间伐。重点伐去病虫引起衰弱、受压、树冠形状不良的植株，间伐后每株之间枝叶距离要

求在60厘米以上。间伐时间可根据不同季节林农农闲时，在全年不同时期陆续进行。

②清理病原：病落叶携带有大量的病菌，飞逸扩散的孢子可以长期侵染其他健康的植株。可采取三项措施减少林下地面的病叶。

一是叶片蒸油。引进加工八角油的专业户进入发病林区，收购、收集间伐出来的枝叶和清扫、归堆病的落叶一并作为蒸油原料。经高温蒸馏后病叶上的病菌完全失去侵染能力，同时可为农户获得收益。

二是将病叶作肥料。先清扫病叶集中成一小堆一小堆的，放置于植株树冠下，然后用泥土覆盖、压实，让其腐烂作肥料供给植株生长。

三是焚烧病叶（需向林业和草原局防火办报批）。在天气晴朗时，铲净八角林外缘的杂草，修建足够宽度的防火隔离带，配足人力，将林地分割成一小块一小块，对林下病落叶逐块燃烧。作业时间在秋冬季节至初春、植株新梢尚未萌动之前完成。清理病叶对减少病原的作用较大，但要精心施工，注意安全，杜绝山火发生。

（2）化学防治

①化学防治的目的：一是控制树上病原菌，二是在新叶萌发阶段喷洒农药，保护植株叶片不受病菌的入侵，阻止病菌的感染与病害的发生。八角植株有新叶片萌发的生长阶段都可以应用化学防治的方法。主要使用水剂喷洒和热雾剂分散分布两种方法。化学防治的范围为病害发生区及其周围已经有少数落叶的地段。

②水剂喷洒：适时喷洒杀菌剂或保护剂。于3月底后，开展群防群治工作，药品用：醚菌酯、春雷霉素、咪鲜胺、代森锰锌等。第一次施药：醚菌酯和春雷霉素加代森锰锌三种药物，按说明配比进行兑药喷雾。先在容积200千克的塑料桶内，加入上述任一种药物，用清水1000～1200倍液充分搅拌均匀成为稀释液，采用柴油高压喷淋机对树木喷洒，要求对全树冠喷布药液。机器多停放在作业区中间，从机器拉出的主管远端，再分出2～4条较细的高压小管，这样可供2～4人同时喷洒作业，喷头与喷淋机半径可达100米；喷完该小片后停机迁移、逐块喷洒。视需要可在小管加扎竹竿抬高雾化喷头，以保证药液覆盖全部树冠。病害严重地段，重复一至两次，间隔时间约10～15天。第二次施药：春雷霉素和咪鲜胺加代森锰锌三种药物，按说明配比进行兑药喷雾。保证药物对新叶能起到有效保护作用。应选择无雨的天气作业，喷药后最少8小时无雨，以免影响药效。5月后，进入雨季，选择无雨天气，再用醚菌酯+春雷霉素+代森锰锌与春雷霉素+咪鲜胺+代森锰锌交替使用，同样时隔10～15天，防治应重点

放在5～6月，进行3次施药。

（3）综合防治

①施肥：由于病株的大量落叶、消耗了养分，必须给予施肥补充。肥料以磷、钾为主的复合肥，禁止纯粹施放速效氮肥。在植株的行间或株间开沟，沟深15～20厘米，长30～40厘米，宽20厘米，每株1～2千克，肥料与适量的泥土拌匀后，上面再用泥土覆盖。重病区在春梢萌芽前完成，其他地段可在长叶季节或合适时机施放，重灾区或条件许可时，每年施2～3 次，N、P、K 比例可根据树势调整。

②加强监测：加强八角炭疽病、煤烟病，八角主要虫害八角尺蠖、八角象甲虫等的监测工作。

（4）连续防治的重要性

每一种病虫害的入侵都不是短时间内就会造成危害的，有的要几年后才显现发生，随后造成危害，八角炭疽病的发生也是这样。所以，一年的防治并不能完全控制，第一年只能达到基本控制，不扩散，并有成效；要通过第二年的再防治才能完成全部控制，并且发病面积有所减少，有病不危害不成灾，果子收成回升；第三年再进行巩固防治，才能达到最有效的防治结果。以后还要加强监测，宣传，彻底做到“预防为主，早发现早防治”的防治方针。

（二）八角煤烟病

1. 为害症状

发生在叶片两面、枝梢和果实的表面，初为小圆点辐射状，后向四周扩展，呈黑色煤烟状，或为一层灰黑色薄纸状，四周有时翘起。从翘起处可剥离叶面，也可用手擦落。叶片受害会影响植株正常的光合作用及气体交换，严重时叶片褪绿，导致树势衰退。

2. 发病规律

病原菌以菌丝在病叶、病枝等上越冬。由介壳虫及风雨传播。6月间介壳虫的幼虫大量发生后，以其排泄出的黏液分泌物为营养，诱发煤污病菌大量繁殖。6月下旬至9月上中旬是介壳虫的为害盛期，此时高温、高湿有利于此病的发生。

3. 防治方法

造林前要对苗木进行检查，严防带虫的苗木上山。保持树林合理郁闭度。对八角树进行合理的修剪，保持林内通风透光，降低林内湿度。低洼地和地下水位高的林地，要做好排水工作。对介壳虫、蚜虫等害虫进行防治。在若虫孵化盛期，可用2.5%敌杀死乳油2000～3000倍液，或2.5%功夫乳油1500～2000倍液，或20%灭扫乳油2000～2500倍液，或20%速灭杀丁乳油1500～2000倍液、10%氯氰菊酯乳油1000～2000倍液等防治。

（三）八角褐斑病

1．为害症状

主要发生在八角叶片上，同时也为害枝条。往往叶尖或叶缘先发病，开始黄化并出现黄褐色小斑，然后向整个叶片扩展，受到较粗侧脉及主脉的限制而形成半圆形。后期病斑正面深褐色，背面棕褐色，病斑上布满黑色小点，为病原的子实体。与此同时，小枝乃至较大的枝条亦发病，枝条上病斑累累。初为黑色小斑点，后病斑扩大围绕整个枝条，最后小枝枯死，在病枝条上也出现如叶片上的黑色小点。

2．发病规律

病菌以菌核或在八角病残体上的菌丝渡过不良环境条件。菌核有很强的耐高低温能力，侵染、发病适温为21～32℃。由于丝核菌寄生能力较弱，对于处于良好生长环境中的八角，只能造成轻微发病。只有当八角生长于不利的高温条件中、抗病性下降时，才有利于病害的发展，因此，发病盛期主要在夏季。当气温升至大约30℃，同时空气湿度很高（降雨、有露、吐水或潮湿天气等），且夜间温度高于20℃时，造成病害猖獗。另外，生长不良的八角菌源量大，发病重。低洼潮湿、排水不良、林间郁闭、温度高、偏施氮肥、植株旺长、组织柔嫩、冻害、灌水不当等因素都极有利于病害的流行。

3. 防治方法

（1）发病前使用药剂预防：可选用70%丙森锌（安泰生）可湿性粉剂600～800倍液、80%大生M-45可湿性粉剂1000倍液、68.75%易保可湿性粉剂1200倍液、80%超威多菌灵可湿性粉剂1000倍液等。

（2）发病初期与积累期，交替使用内吸性治疗剂控制。可用43%戊唑醇悬浮剂3000倍液，也可选用40%氟硅唑（福星）乳油8000倍液，40%腈菌唑（信生）可湿性粉剂 8000倍液，62.25%腈菌唑+代森锰锌（仙生）可湿性粉剂600倍液等。

（3）盛发期处理，除以上内吸性治疗剂外，还可在8～9月对八角园喷施1～2次波尔多液或多宁或必备，保护叶片，波尔多液的配比为 1（硫酸铜）：1.5～2（生石灰）：160～200（水）。

（四）八角藻斑病

1. 为害症状

发生在八角成年树，一般多发于林地密度大的阴湿坡地。主要为害叶片和嫩梢，不致植株死亡，但影响

光合作用，进而影响到植株的生长、果实产量和质量。叶片正反两面均可发病，尤以叶面居多，初呈圆形灰褐色、边缘色浅的小斑，后圆斑相连，形成不规则斑块。病部稍隆起，似毡状硬块。在显微镜下，其藻斑直径大小不一，多数为0.2~0.8厘米，少数达1.0厘米以上。

2. 发病规律

八角藻斑病的病原藻以叉状分枝的叶状体（营养体）在叶片中越冬。次年春季，在潮湿的条件下可以产生孢子囊和游动孢子。游动孢子发芽，侵入叶片角质层，并在表皮细胞和角质层之间蔓延扩张，一般不进入细胞内部。以后叶状体向上，在叶片表面形成孢囊梗和孢子囊。此时病斑呈灰绿色，孢囊梗成熟时病斑即变成褐色。孢子囊依靠风吹、雨溅传播。病原藻寄生性很弱，一般仅危害生长衰弱的八角树。因此，在管理粗放、肥料不足、树衰弱的八角园和阴湿八角园发生的病情重。

3. 防治方法

搞好林内卫生，在发病初期可喷1∶1∶100波尔多液或80%代森锰锌可湿性粉剂800倍液进行保护，也可以喷70%甲基托布津可湿性粉剂800倍液进行防治。

（五）八角缩叶病

1. 为害症状

目前该病只发生在云南省个别产区。病株几乎所有叶片都感病，感病的叶片发生皱缩、扭曲，叶肉变厚等畸形症状，嫩梢和未木质化的枝条等均有一定程度的皱缩畸形症状。病部出现不规则的褪绿现象，绿色与淡绿色

斑驳相间。病株稍微矮小，明显呈现缺乏养分现象，但不丛枝，比正常植株开花结果迟，坐果率低，果实变小，产量减少。病原不明，有待进一步研究，可能为病毒或类菌原体引起。

2. 发病规律

在幼叶展开前由叶背侵入，展叶后可从叶正面侵入。病菌侵入后，菌丝在表皮细胞下栅栏组织细胞间蔓延，刺激中层细胞大量分裂，胞壁加厚，叶片由于生长不均而发生皱缩并变红。初夏则形成子囊层，产生子囊孢子和芽孢子，芽孢子在芽鳞和树皮上越夏，在条件适宜时继续芽殖。病害一般在4月上旬开始发生，4月下旬至5月上旬为发病盛期，6月份气温升高，发病渐趋停止。

3. 防治方法

苗木出圃时，严格检疫，严禁带病植株上山。发现病株及时砍除，集中烧毁。增施磷、钾肥和有机质肥料，提高植株抵抗能力。抽梢期间，喷 2～3次40%毒死蜱乳油1000倍液，或1%甲氨基阿维菌素苯甲酸盐（甲维盐）乳油1000～2000倍液，消灭八角林内的有害昆虫，防止和切断传播途径。

（六）八角白粉病

1. 为害症状

该病主要为害嫩叶、新梢、花蕾和幼果，造成落叶、落花、落果。发病时通常在叶片主脉附近开始，先是布满一层白色粉状物，之后病叶颜色逐渐变暗，然后成为黄褐色，最后病叶脱落。有的病叶产生畸形，病部可从叶片开始逐渐扩展到枝梢，嫩梢被害时会枯死，严重受害时会影响整株八角长势和产量。

2. 发病规律

一般在5～10月份发作，由于高温高湿天气过多，以及过密的林分都容易诱发此病。病菌以菌丝体和闭囊壳在树体的被害组织上，或芽内、叶痕处越冬。来年春季，形成分生孢子，经气流、风力等传播，飞落到寄主表面。条件适宜时，分生孢子萌发，产生芽管，直接穿透植物组织表皮，侵入到寄主细胞内，产生吸器进行为害。白粉病菌侵入八角后，潜育期较短，一般为3～5天就可以表现症状。由于病斑上的白粉病菌能不断地产生分生孢子，因而可引起多次、重复的田间再侵染。病菌主要以菌丝体在病部越夏。

白粉病病原菌喜湿、怕水，其适宜发育温度为20~28℃。一般春季温暖、干旱、少雨，夏季多雨、气温较高而又闷热，秋季秋高气爽的环境下，很容易引起病害的发生和流行。八角园地势低洼，土壤黏重，栽植过密，果园密蔽、通风不良，施肥不当，氮肥施用过量，钾肥不足，枝条细弱或管理粗放的情况下，病害发生重。

3. 防治方法

可用药剂喷雾防治：25%丙环唑乳油1000~1500倍液，或30%苯甲丙环唑悬浮剂1500~2000倍液，或15%三唑酮可湿性粉剂1000倍液等。每隔7~10天1次，连续2~3次，有较好防治效果。

（七）日灼病

1. 为害症状

此病多发生在强阳光下的苗圃、幼林及长期处在郁闭状态下因强度间伐而突然暴露于强光烈日下的成龄植株，容易发生日灼病，特别在南坡、西南坡或全日照缓坡地段容易发生。

2. 防治方法

（1）一年生苗圃需遮阴到9~10月份。

（2）采用深坑定植法造林。

（3）幼林抚育后坑面要盖草。

（4）成林间伐，强度要适中，要均匀，尽量避免出现林窗。

（5）有条件的在冬季对稀疏八角树进行基干部涂石灰浆。

（八）寄生植物

1. 为害症状

这里是指寄生在八角树上吸取八角树体内水分和养分的桑寄生、槲寄生和无根藤（菟丝子）等。寄生植物多发生在管理粗放或失管的弱质八角林中。

2. 防治方法

主要是加强林分的全面管理，经常修剪砍除寄生植物并集中烧毁。目前尚无很好的药物防治办法。

二、八角虫害

（一）小地老虎

1. 为害症状

主要为害八角幼苗。幼虫日伏夜出，咬断幼茎或地下根，是八角苗期的一大害虫。1～2龄幼虫昼夜均可群集于幼苗顶心嫩叶处，昼夜取食，这时食量很小，为害也不显

著。3龄后分散，白天潜伏于表土的干湿层之间，夜晚出土从地面将八角幼苗植株咬断拖入土穴、或咬食未出土的种子，幼苗主茎硬化后改食嫩叶和叶片及生长点。5、6龄幼虫食量大增，每条幼虫一夜能咬断八角苗4～5株，多的达10株以上。

2. 发生规律

小地老虎在云南每年发生6代，在云南以老熟幼虫和蛹越冬。土壤湿度大，黏度大，发生为害严重；一般适宜温度为18～26℃，适宜的相对湿度为70%。高温对小地老虎的生长不利，成虫羽化不健全，产卵量下降和初孵幼虫死亡率增加。相对湿度小于45%，幼虫孵化率和存活率都很低。

3. 防治方法

（1）经常铲除苗场内外的杂草和杂物，保持苗场干净，消除虫害传播的中介物质，降低苗木感染概率。

（2）用泡桐叶诱杀幼虫。将新鲜的泡桐叶，于傍晚放在苗畦上，每100米放10～14张叶片，清晨捕杀叶下诱到的幼虫，持续3～5天。亦可将泡桐叶浸入90%敌百虫晶体100倍液后，再将叶片放入苗圃畦面上，能直接毒杀幼虫。

（3）人工捕杀，早晚检查，发现有断苗，在断苗附近刨土捕杀幼虫。

（4）药杀幼虫：用土农药如马桑叶或野棉花或烟草骨，砸碎后加5倍水浸泡12小时过滤即可使用；在夏季可用50%敌百虫晶体1000倍液或用10亿／毫升杀螟杆菌50倍液加1：1000黏着剂喷杀。喷药宜在下午傍晚或早晨幼虫出土活动取食时进行。

（5）成虫诱杀：在成虫盛期，用黑光灯或用糖：醋：酒：水液（6：3：1：10）诱杀。

（二）八角尺蠖

1. 为害症状

八角尺蠖以幼虫为害为主，嚼食八角树叶片、花蕾、幼果、枝梢和嫩皮。受害严重的林分，大部分叶片被蚕食，影响整个植株生长，减少产量。一般4～10月危害比较严重。

2. 发生规律

八角尺蠖在云南省一年发生 4～5代。以幼虫在八角叶片背面、或以蛹在土中越冬。以幼虫越冬者于次年2月恢复取食，3月中旬化蛹，3月下旬羽化。2～3月为去年第五代的幼虫，当年幼虫发生期为：第一代4～5月，第二代6～7月，第三代8～9月，第四代10～11月；11月下旬至12月上旬，未老熟的幼虫静伏于植株下部叶片背面或叶缘越冬，已经老熟的幼虫则钻入土内化蛹越冬。越冬蛹于翌年2月下旬羽化，其后各代幼虫发生期比幼虫越冬的约提前一个月。10月上、中旬第四代幼虫陆续化蛹，部分以蛹越冬；部分羽化后交尾产卵，于10月下旬至11月上旬孵化产生第五代幼虫，以幼虫虫态越冬。成虫于傍晚后羽化，出土后上树栖息、展翅，当晚可以飞翔。成虫夜晚活跃，但白天也可见在林间飞翔或在灌木丛中停息，吸取露水和

花蜜。羽化 2～3天后交尾，多见于午后至黄昏前。卵产于叶片背面，多为单产，通常每头雌虫产卵200～300粒。卵以一周左右孵化为多数；幼虫 6～7龄，各代各龄历期4～10天，通常以5～7天左右完成1龄。幼虫期 28～40天，越冬代幼虫期约120天。由于越冬虫态不一，全年的虫态也相当复杂，世代重叠现象十分明显，一般除1月份无成虫或卵外，其他各月份可发现各期虫态。1头幼虫一生可吃掉20张叶片。1龄仅啃食叶背的一侧叶肉，在叶背啃成1个个小窝窝；2龄后可将叶片啃穿，形成小洞；3龄后从叶的边缘开始取食。幼虫低龄时喜欢食嫩叶，大龄虫爱吃老叶，所以在发生区经常出现树梢首先出现秃顶情况。

3. 防治方法

（1）人工捕捉幼虫：最好先在离地50厘米的树干处，涂上10厘米宽的一圈熟桐油，以防落地幼虫再上树。然后按照从高地向低地、从风头向风尾处的顺序，摇动树枝，让受惊的幼虫震落地面，及时切断幼虫悬丝，收集灭杀之。

（2）挖蛹：在夏、冬两季，结合林地抚育松土，挖取虫蛹灭杀之。

（3）使用黑光灯诱杀成虫。

（4）生物防治：利用天敌赤眼蜂和黑卵蜂寄生消灭虫卵；利用姬蜂、寄生蝇和青云杆菌寄生消灭幼虫和蛹。

（5）保护林中鸟类、蛙类和其他天敌，保护林分周围的生态环境。

（6）一般不提倡使用化学农药，确实虫灾来势凶猛时，可用敌百虫烟雾剂灭杀幼虫。

（三）中华简管蓟马（八角麻疯果病）

1. 为害症状

以成虫、若虫为害八角的幼嫩部位（如嫩叶、花、幼果、嫩枝等），吸食八角汁液。叶片受害后出现无数银白色斑点或产生水渍状黄斑，严重的内叶不能展开，嫩梢干缩。花受害后，花冠产生灰白点，花瓣卷缩。

2. 发生规律

在云南年约发生10代以上，在红河州常年发生。大约20～32天左右繁殖一代，世代重叠。在日平均气温20℃时成虫存活58天左右。卵期4～8天，一龄期8～15天，二龄期8～15天，前蛹期，蛹期历期3～6天；产卵前期3～7

天。在月平均气温23℃时产卵历期约为33天左右。每雌成虫平均产卵量为18～25粒。但寄主不同产卵量不同。越冬代成虫于3月下旬至4月上旬开始活动。在早春禾本科杂草上繁殖一至两代。待6月中旬至7月上旬露地草花开始现蕾开放时成虫便大量迁入八角花内为害。5月中旬在八角的花内也有个别成虫。尤以7月为盛。该蓟马常交换寄主以利产卵。至10～11月中、下旬花谢后成虫陆续迁飞至禾本科杂草叶鞘下或枯枝落叶下越冬。有趋花习性。

3. 防治方法

（1）清除园内杂草及枯枝落叶，减少虫源。

（2）药剂防治：在虫盛发为害期，喷洒30%高锰（吡虫啉）微乳剂5000倍液，或20%阿达克（啶虫脒）可溶液剂3000倍液，或1.8%阿维菌素乳油3000倍液，或40%绿菜宝乳油1500倍液，或10%吡虫啉可湿性粉剂2500倍液，或17.5%蚜螨净乳油2000倍液，或5%高效大功臣可湿性粉剂1000倍液，或2.5%菜喜（105）胶悬剂1000倍液，或20%好年冬乳剂800倍液等药剂。隔10天左右1次，连防2～3次。

（四）八角冠网蝽

1. 为害症状

成虫和若虫群栖于八角叶片背面刺吸为害，被害部呈现许多褐黑色小斑点，而在叶片正面呈现花白色斑点，叶片早衰枯萎。

2. 发生规律

该虫在云南省每年发生6～7代，世代重叠，无明显的越冬休眠现象。成虫产卵于叶背的叶肉组织内，常集中成堆，每堆10～20粒，少数有达百粒的，并有分泌紫色胶状物覆盖保护。虫孵后栖叶背取食；成虫则喜欢在八角顶部1～3片嫩叶叶背取食和产卵危害。小于15℃低温时成虫静伏不动，在夏秋季发生较多，旱季为害较为严重，台风、暴雨对其生存有明显影响。

3. 防治方法

（1）加强果园管理。增强果势，提高树体抵抗力，及时清理果园，将病残体销毁。

（2）注意保护和利用其天敌。

（3）抓住若虫幼龄期及时喷药毒杀，可选用2.5%功夫乳油2000倍液，或4.5%氯氰菊酯乳油1000倍液，或48%毒死蜱乳油1500倍液，或2%甲维盐2000倍液喷雾叶背。

（五）八角瓢萤叶甲

1．为害症状

孵化后的初孵若虫转移到八角嫩叶直接取食为害叶片，严重影响林农的经济收益。以幼虫、成虫为害八角叶片，造成新生叶片被取食光，导致光合作用丧失，使八角长势下降不能挂果，造成八角果连年减产，甚至植株枯死，是八角产区最大的害虫之一。

2．发生规律

八角瓢萤叶甲在云南省每年发生1代，通常3～4月份为幼虫为害，4月底，老熟幼虫化蛹，5月羽化为成虫，7月成虫产卵。

3．防治方法

（1）利用成虫的假死习性，在成虫盛发为害期，地面铺塑料薄膜，振动树冠，收集落下的成虫，集中烧毁。

（2）成虫和幼虫为害春梢和早夏梢，可在越冬成虫活动期和产卵高峰期各喷药一次。药剂有：90%晶体敌百虫800～1000倍液，或80%敌敌畏乳油1000～1200倍液，或50%马拉硫磷乳油1000～1500倍液，或20%甲氰菊酯乳油2000～3000倍液，或25%溴氰菊酯乳油2000～2500倍液，或20%氰戊菊酯乳油1000～2000倍液等。

（六）八角蚜虫

1．为害症状

主要为害八角叶片新梢花蕾，其若虫和成虫吸食叶片新梢花蕾上的汁液，使叶片枝梢皱缩，不能正常生长。几天之内就让八角林叶片变枯黄，随后落叶、落果而成为裸秃林，林分越密受害速度越快、程度越重。

2．发生规律

在云南省一年之内可以发生20多代，世代重叠严重，在云南可以终年繁殖、为害。生活史极为复杂，以卵在冬季寄主上越冬，来年春季产生有翅蚜，迁飞到八角树上为害，再以胎生方式繁殖个体，扩大其为害，秋凉后再产生有翅蚜，迁飞到冬季寄主上产卵越冬。

3．防治方法

在约10%植株有蚜虫少量发生时，即应及时喷雾。喷雾要细致周到，重点喷叶背、嫩茎、嫩芽，隔7～10天喷1次，连续2～3次。每次每亩喷药液50～70千克。常用的药剂有：50%辟蚜雾（抗蚜威）可湿性粉剂2000～3000倍液，或10%多来宝悬浮剂1500～2000倍液，或20%蚜克星乳油1000倍液，或25%菊乐合剂乳油2500倍液，或3%莫比朗乳油1000～1500倍，或10%吡虫啉（康福多、蚜虱净、大功臣、一遍净）3000～4000倍液，或5%啶虫脒乳油1500倍液，或10%氯氰菊酯（兴棉宝、灭百可）乳油2000～4000倍液，或2.5%溴氰菊酯（敌杀死）乳油3000倍液，或20%灭扫利（甲氰菊酯）乳油2000倍液，或50%马拉松乳油1000～1500倍液等。这些农药应交替使用。

（七）八角介壳虫

1. 为害症状

介壳虫在叶背及叶柄处刺吸汁液为害，受害叶片叶色泽浅，呈黄绿色，影响八角的生长。介壳虫的分泌物，可引致煤污病，降低八角光合作用，严重时造成植株枯死。

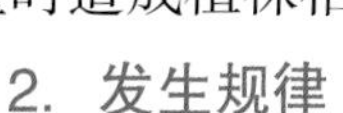

2. 发生规律

蚧壳虫虫体小，繁殖快，在云南省一年繁殖3～5代，虫体被厚厚的蜡质层所包裹，防治非常困难。

3. 防治方法

（1）初发生是点片发生，彻底剪除有虫枝烧毁或人工刷抹有虫枝，以铲除虫源。

（2）若虫分散转移期分泌蜡粉介壳之前，药剂防治较为有利，为提高杀虫效果，药液里最好混入0.1%～0.2%的洗衣粉。可用药剂有：

①菊酯类：2.5%敌杀死或功夫乳油，或20%灭扫乳油2000～3000倍液、20%速灭杀丁乳油1500～2000倍液、10%氯氰酯乳油1000～2000倍液等。

②有机磷杀虫剂：40%速扑杀乳油2000倍液，或40%毒死蜱乳油800～1000倍液，或50%稻丰散乳油1000倍液等。

③菊酯有机磷复配剂：20%菊马乳油800～1000倍液，或20%溴马乳油1000～1500倍液，或30%速乐乳油800～1000倍液，30%桃小灵乳油1000～1500倍液，或35%氧乐氰乳油800～1000倍液等。上述药剂均有良好效果，如与含油量0.3%～0.5%柴油乳剂或黏土柴油乳剂混用，对已开始分泌蜡粉介壳的若虫也有很好杀伤作用，可延长防治适期提高防效。

④在药液中加入杀卵剂，如25%噻嗪酮可湿性粉剂800～1000倍液，可以延长防效。

（八）拟木蠹蛾

1. 为害症状

主要是幼虫取食八角树皮，钻蛀八角枝干成坑道，在枝干外部以虫丝缀连虫粪与枝干皮屑形成一条隧道。幼虫白天匿居于坑道中，夜间沿隧道外出啃食树皮，八角受到侵害树势减弱，造成减产，严重时会使整个植株枯死，对生产影响很大。

2. 发生规律

拟木蠹蛾在云南省一年发生1代，以幼虫在树枝坑道中越冬，3 ~ 4月化蛹，4 ~ 5月羽化。羽化后的成虫栖息于蛀道附近枝干上，当晚可以交尾产卵，成虫寿命2 ~ 9天，产卵前期2 ~ 4天。卵盛见于4月下旬至6月上旬，每雌虫产卵5 ~ 13块，每块19 ~ 65粒，共产350多粒。卵产于直径2 ~ 3厘米以上的枝干树皮上，卵期平均为16天。

初孵幼虫经2 ~ 4小时后即分散活动，在树干分叉、伤口或皮层断裂处蛀害，吐丝缀连虫粪于枝干树皮下做成隧道，并钻蛀枝干为害，夜间沿隧道外出咬食树皮，幼虫蛀道一般长20 ~ 30厘米，长的可达68厘米。老熟幼虫在坑道内化蛹，坑道口缀以薄丝，羽化时蛹体半露于坑道外。幼虫历期300天，蛹期28 ~ 48天。

幼虫蛀入的位置一般在主干以及主枝分叉处，以其造成的虫粪、皮屑、被丝缀成的隧道可以容易辨别，从隧道的虫粪新鲜与否可以辨认是否有虫，便于采取人工捕捉的方法进行防治。

3. 防治方法

（1）用棉花蘸上80%敌敌畏乳油50倍液或其他农药，塞入坑道，坑道口用泥土封闭，可杀死幼虫。

（2）6～7月用80%敌敌畏乳油600倍液，或48%毒死蜱（乐斯本）乳油1000倍液，喷洒于丝质隧道附近的树干上，毒杀幼虫。

（3）用竹、木签堵塞坑道，使虫窒息而死，也可用钢丝刺杀幼虫。

（九）八角象鼻虫

1. 为害症状

以幼虫为害枝条为主，蛀入枝条后向下蛀食，顶芽受害，造成枝条顶端焦枯。成虫为害叶片，被害叶片的边缘呈缺刻状。幼果受害后果面出现不正常的凹入缺刻，严重的引起落果，为害轻的尚能发育成长，但成熟后果面呈现伤疤，影响果实品质。

2. 发生规律

八角象鼻虫在云南省一年发生1代，以老熟幼虫、蛹和成虫在寄主植物组织内越冬；翌年3月下旬成虫开始活动，3～11月为为害期，12月上旬始以成虫、幼虫、蛹在植株内部结茧越冬。八角象鼻虫成虫具有短途飞翔、群居、假死的特性；喜夜间活动，白天常藏匿于叶腋下、夹缝间，在取食与交配时才短距离迁移。

3. 防治方法

（1）人工捕杀：成虫在秋冬季产卵，翌年2～3月间孵化成幼虫。可以采用人工捕杀的方法，在每年的4月份，用力摇晃树枝，成虫有假死特性，掉落下来之后，集中消灭。还要将受害枝条剪除集中销毁。采用药物防治主要用3%阿维菌素6000倍液或敌敌畏800倍液喷杀。

（2）地面喷药防治：3～11月成虫发生期，使用杀虫剂进行地面喷雾，把害虫杀死在出土前，可选择的药剂有30%辛硫磷微囊悬浮剂或40%辛硫磷乳油，每次用药0.8～1千克，加水50～90倍均匀喷于树冠下。或以上述药剂和用量加水5倍喷拌300倍的细土使成毒土，撒于树冠下，皆能取到较好效果。这两种药剂是目前防治梨象甲进行土壤处理残效期长的药剂，但辛硫磷施用后应及时耙土以防光解。此外也可使用2.5%敌杀死乳油或20%速灭杀丁乳油等每亩用0.3～0.5千克，喷洒地面均有良好的防效。

（3）树上喷药：喷洒48%毒死蜱（乐斯本）乳油1500倍液，或2.5%敌杀死乳油2500～3000倍液，或90%敌百虫晶体600～800倍液，或80%敌敌畏乳油1000倍液等。隔10～15天喷1次，喷2～3次即可。

（十）八角瘿螨

1. 为害症状

主要为害1～2年生八角的枝条、芽、花及果实。造成严重减产甚至绝产。受害枝多为深褐色，纤细而短，呈失水状，芽小而干瘪，紧贴枝条，芽尖为褐色，有的枯焦甚至死亡。叶片上形成退色绿斑，后期叶片向正面纵卷，直至叶片枯黄坠落。果实在花脱落两周后开始显症，果面出现不规则暗绿色病斑，随着果实膨大病部茸毛逐渐变褐倒伏、脱落，幼螨在八角叶片上为害，使皮下组织坏死，停止生长，形成凹陷，致使叶片发育受阻，严重畸形，病部出现深绿色凹陷。

2. 发生规律

以成螨或若螨在1～2年生枝条的八角芽上越冬。3月下旬八角瘿螨出蛰为害，4～5月越冬瘿螨的为害进入盛期并产卵，5月下旬卵大量孵化为若螨，刺吸嫩梢和幼果。

3. 防治方法

药剂防治：为害严重的八角园，冬季喷洒哒螨灵、克螨特等杀螨剂，生长季节喷18%阿维菌素乳油2000～2500倍液，或24%螺螨酯悬浮剂1500倍液等，隔20～30天再喷1次。

对八角的生长发育，进行生理生化调控，其涉及面很广。

第八篇　八角的采收和加工

一、适时采收

八角如采用实生苗造林，在造林后的第八年或第十年便开始开花结果，以后进入开花结果盛期；如用嫁接苗和扦插苗造林，在造林后的第三年便开花结果，第五年即进入结果盛期。八角通常每年结果2次，4月成熟称为春果或四季果，产量较少；9~10月成熟的果称为秋果或大造果。当果实由青色变为黄色时采收。采收不宜过早，秋果宜在8月下旬至10月采收，春果在4月采收为好。八角果实成熟时，树上还有花和幼果，所以采果不可用竹竿打落，也不宜摇动树枝和折枝，只能上树采摘。其方法是：采摘人员扎好安全带，携带竹钩和竹篮爬上树，近处的果实用手摘取，远处的果实则用竹钩轻轻将枝条拉近身边摘取并放入竹篮内。然后用绳子将盛满果实的竹篮吊下，将果实倒入预先铺放的竹席上。虽然这种采果方法较费工、费时，但采收的果实能加工出优质品。采果宜在晴天进行，阴雨天气不便上树采摘，也不便于处理采下的果实，因为八角果实摘后堆放时间过长容易发霉变质。

二、加工方法

八角果实加工必须经过杀青和干燥两个工序。

（一）杀　青

八角果实的杀青有以下几个方法，可根据不同的具体情况应用。

1. 柴火熏黄法

把八角果实装入烘笼里，置于火炉上，上盖麻袋，用松枝或柴火熏烤。期间翻拌1次，把上层与下层调换，使其受热均匀。此法劳动强度大，速度慢，若翻拌不及时，近烘笼底部的果实易烘焦。

2. 沸水煮黄法

将摘回的生果放入沸水中，用木棍搅拌，煮沸5～10分钟后，果实由青色变黄色时即捞起。稍晾至水滴完后，摊晒在晒场。也可以把生果装入竹筐内，把竹筐放入锅中，用水瓢舀取沸水淋烫，直至果实变为熟黄为止。此法劳动强度大，而且部分油质流失，含油量降低，并增加含水量，八角易发霉脱瓣。

3. 烘炉闷黄法

把摘下的鲜果倒入烘炉内，用木板挡住进口，一面装入果一面耙匀，直装到与四周炉壁同高（也可以装成馒头状），上面用竹席盖好。再装入生果一半时开始生火烘烤，使果实受热散发出水蒸气把青果闷黄。此法省力、省时、省燃料，八角产品品质较好。

4. 热气蒸黄法

利用烧锅炉产生的热气，通过输送管道送到装放鲜果的容器或室内，将鲜果蒸至熟黄。此法省力、省时，但设备费用较高。

5. 晒闷法

把摘下的鲜果在晒场上摊匀、摊平，以3～4厘米厚为宜。然后用没有破漏的白色塑料薄膜覆盖，四周用石块压紧，切忌漏风。利用太阳强光闷3～5小时，弱光闷5～7小时，以八角闷至适度熟为宜，即果皮由青色闷成淡黄色。此法既省柴火又简便，八角产品色泽佳，含油量高，但只能在晴天进行。

（二）干 燥

通常采用晒干或烘干。

1. 晒干

晴天把经过杀青的鲜果均匀平摊在晒场或竹席上，摊得越薄越好，最厚不宜超过7厘米。每隔2～3小时用齿耙翻动1次，使八角果实干得均匀，色泽好。摊晒2～3天即成商品。

2. 烘干

如遇阴雨天气。可用火烘。烤炉的大小视果量而定。烤炉的炉身四周用耐火砖和三合土砌成。炉高120厘米，长200厘米，宽 150厘米。在离地100厘米处用4～5厘米粗的木条，每隔20厘米铺放1条，上面铺放竹笪，四周用砖砌高出20厘米，以防八角落地。一炉可装杀过青的八角果实100～150千克。然后在炉内烧木炭或柴火，以50℃温度烘烤，频频翻动，约2天可烘干一炉。此法加工的八角成品，果实紫红色、暗淡无光泽，但品质好，香气浓。不论采用晒干法或烘干法，由于果实大小不一、含水量不同，干燥的时间有差异，造成干燥不均匀。所以，当果实中有70%达到干燥时，应拣出湿果。另行加工。将加工干燥的八角果分成等级，装入麻袋，用针线缝严袋口，堆放在室内通风阴凉干燥处贮藏，注意防潮、防霉。

参考文献

［1］黄卓民.八角［M］.北京：中国林业出版社，1994.

［2］刘永华.八角种植与加工利用［M］.北京：金盾出版社，2003.

［3］李柏秀.藤县八角主要病虫害及防治措施研究［J］.大众科技，2013（3）.

［4］宁正祥.化学调控学［M］.玉林市玉州高科技开发研究所，1999.

［5］潘唐启.八角速生丰产栽培技术［OL］.2021. http://www.360doc.com/content/11/0420/11/524968-110974522.shtml.